畜禽养殖技术百问丛书

养牛 300 问

主编　陈鹏举　付　彤　许会艳

河南科学技术出版社

·郑州·

图书在版编目(CIP)数据

养牛 300 问 / 陈鹏举，付彤，许会艳主编. -- 郑州:河南科学技术出版社，2024. 7

(畜禽养殖技术百问丛书)

ISBN 978-7-5725-1524-8

Ⅰ. ①养…　Ⅱ. ①陈…　②付…　③许…　Ⅲ. ①养牛学-问题解答　Ⅳ. ①S823-44

中国国家版本馆 CIP 数据核字(2024)第 097617 号

出版发行：河南科学技术出版社

地址：郑州市郑东新区祥盛街 27 号　　邮编：450016

电话：(0371) 65737028　65788613

网址：www.hnstp.cn

策划编辑：陈淑芹　申卫娟

责任编辑：申卫娟

责任校对：牛艳春

封面设计：张德琛

责任印制：徐海东

印　　刷：河南文华印务有限公司

经　　销：全国新华书店

开　　本：890 mm×1 240 mm　1/32　　印张：6.125　　字数：180 千字

版　　次：2024 年 7 月第 1 版　　2024 年 7 月第 1 次印刷

定　　价：25.00 元

本书编写人员名单

主　审	张乃生			
主　编	陈鹏举	付　彤	许会艳	
副主编	李森阳	邹　靖	刘俊平	王　友
编　者	郭俊清	朱林豪	孔庆强	戚亚轩
	李向超	宋贵方	路　亮	王素军
	赵勤勤	王建锟	程鹏飞	陈勇臻
	吴章治	葛如兴	石保建	

前　言

随着经济的不断发展，市场对牛肉、牛奶等有关产品的需求与日俱增，我国养牛业规模化发展迅速，集约化程度越来越高，但相比养猪、养禽业规模化集约化生产技术发展较为滞后，中小规模养殖场（户）占比较高。目前牛病日渐复杂多变、症状复杂，临床诊断与治疗难度越来越大，给养牛业造成了极大的经济损失，严重制约了我国养牛业的健康发展。为此河南省现代中兽医研究院、河南农业大学、中国兽医协会牛羊兽医分会、河南科学技术出版社，结合动物保健企业、养牛企业的建议，组织一批临床经验丰富的专家及执业兽医师论证后，决定编写出版《养牛 300 问》，供广大从事养牛及牛病诊疗的人员参考使用。

本书在编写过程中内容有所侧重，力求反映养牛业现状，从牛的品种、牛场的规划与设计、牛的繁殖技术、牛的饲养管理、牛场防疫消毒管理及常见疾病进行详细的总结，重点介绍常见的病毒病、细菌病、寄生虫病、普通病的诊断要点及治疗方案。本书理论联系实际，内容翔实，采用一问一答的形式，通俗易懂，科学性、针对性、应用性强，帮助读者快速掌握饲养要点。

本书是由中国兽医协会牛羊兽医分会、河南农业大学和河南省现代中兽医研究院牵头实施，河南省现代中兽医研究院、河南农业大学、草食家畜健康养殖专业科技服务团、焦作市保程伟业生物科技有限公司、天津瑞普生物技术股份有限公司、河南众科博奕生物科技有限公司、山东鑫德慧生物科技有限公司、焦作市农科利来生物科技有限公司、山东百晟药业有限公司、斯卡恩动物保健品（商丘）有限公司、山东鲁兽研生物科技有限公司、颍河（焦作）中药生物工程有限责任公司、山东晟阳生物工程有限公司、泾川县泰恒牧业有限公司、河南省亮点动物药业有限公司、山东嘉恒药业有限公司、河南创鑫生物科技有限公司、合肥强力动物药品有限责任公司、河南众科邦农生物科技有限公司、合肥莱喆生物科技有限公司、河南启航生物科技有限公司、杭州因迈吉生物科技有限公司、河南大成惠牧生物科技有限公司、黑龙江微球科智生物技术开发有限公司、安徽省瑞森生物科技有限责任公司等单位人员参与共同完成，在编写过程中参考了一些资料，在此一并致以衷心的感谢。

由于编写水平所限，书中疏漏与不妥之处，恳请广大行业读者批评指正。

编者

2023 年 12 月

目　录

第一章　牛的品种

1. 牛根据经济用途可分为几类？

牛在世界各地分布广泛，品种繁多，根据其经济用途可分为乳用品种、肉用品种、兼用品种和役用品种。

乳用品种：主要用于牛奶的生产，其最主要的特点是产奶量高。乳用型牛品种主要有荷斯坦牛、娟姗牛、爱尔夏牛和瑞士褐牛等，其中饲养量最多的品种是荷斯坦牛。

肉用品种：主要用于牛肉的生产，其最主要的特点是生长速度快，产肉率高，肉质好。按其体型大小及产肉性能，又可分为中、小型早熟品种和大型欧洲品种，前者如海福特牛、安格斯牛和短角牛等，后者如夏洛莱牛、利木赞牛和皮埃蒙特牛等。

兼用品种：是指兼具两种或两种以上主要经济用途的牛，其主要特点是生产性能在两个或两个以上方面都较突出。如西门塔尔牛的产肉、产奶性能都较突出，属于肉乳兼用品种。

役用品种：是指那些被培育出来专门用于耕作、运输等农业劳动的牛种。这些牛通常具有强健的体魄、出色的耐力、适应性强以及特定的体型和生理特征，使它们能够胜任各种重体力劳动。我国最常见的役用品种牛为黄牛和水牛。

2. 我国广泛饲养的国外肉牛品种主要有哪些？

夏洛莱牛：原产于法国，属于大型肉牛品种。其毛色为乳白色，头短小，肌肉圆厚丰满。具有适应性强、耐粗饲、耐寒、抗病等特点，但其繁殖率较低，难产发生率高。

利木赞牛：原产于法国中部，属于大型肉牛品种。其毛色为红棕色或黑棕色，头宽大，颈粗壮，背直平，具有体型大、骨骼结实、肌肉发达、屠宰率高等优点，但其性情较暴躁，不易驯服。

西门塔尔牛：原产于阿尔卑斯山区，是世界著名的兼用肉牛品种。有黄白花和红白花两种外观，体型大，骨骼结实，肌肉丰满，具有适应性好、耐粗饲、性情温顺、适于放牧等优点。

安格斯牛：原产于苏格兰东北部，现在是英国、美国、加拿大、新西兰和阿根廷等国家的主要养殖肉牛品种之一。肉用性能良好，表现早熟易肥、饲料转化率高，被认为是世界上各种专门化肉用品种中肉质最优秀的品种。

3. 我国自有的常见牛品种有哪些？

黄牛：牛角短，皮毛多为黄褐色或黑色，毛短，初期多用来耕地或拉车，目前多用于生产肉、制作皮革等。

水牛：水牛在新中国成立前后主要为水稻产区的役畜，目前主要用于生产肉与牛奶。

牦牛：牦牛是我国青藏高原的特有畜种，毛长过膝，耐寒耐苦，适应高原地区氧气稀薄的生态条件，所产奶、肉、皮、毛是当地牧民的重要生活资源。

野牛：主要分布于东北、西藏等地区，与普通牛种杂交，产生杂交优势，为培育新品种提供有用基因。

驼峰牛：主要分布于我国云南山区，耐热、抗蜱，是热带地区特有的牛种。

4. 如何正确选择肉用牛品种？

肉用牛品种的选择应当根据当地的地理特征、气候条件、环境资源、市场需求等因素，综合分析各个品种的适应性、生产力等特点，选择最为合适的肉用牛品种，以期获得理想的经济效益。在选择肉用牛品种时可遵循以下原则。

（1）区域适宜性。在气候炎热的南方区域，农作物副产品及青绿饲草资源丰富，但地方品种个体小，生产能力相对较低，建议使用改良的婆罗门牛、西门塔尔牛、安格斯牛等品种。

在中原区域，农副产品与地方良种资源丰富，肉牛品种改良成效显著，建议使用改良的西门塔尔牛、安格斯牛、夏洛莱牛、利木赞牛和皮埃蒙特牛等品种。

在东北区域，饲料资源丰富，价格优势明显，肉牛生产效率高，平均胴体重显著优于其他地区，建议使用改良的西门塔尔牛、安格斯牛、夏洛莱牛、利木赞牛以及黑毛和牛等品种。

在西部区域，天然草原资源丰富，地方改良品种具有明显的优势，建议使用改良的安格斯牛、西门塔尔牛、利木赞牛、夏洛莱牛等品种。

（2）市场适宜性。目前养殖主要是为了实现经济效益，市场的需求就是实现效益最大化的重要条件，市场需求什么样的牛肉产品，就应该考虑选择什么样的肉牛品种，应密切关注市场行情，将市场需求作为品种结构调整的重要参考依据，以期获得最大的经济效益。

5. 杂交牛和本土黄牛有哪些区别？

杂交牛主要为西方的牛品种与我国本土黄牛杂交，进行品种改良，杂交牛通常多为肉用，而我国本土黄牛在 20 世纪 80 年代以前多为役用，目前则多为肉用。

杂交牛通常体型较为高大，产肉率高，6 月龄时体重可达 400 kg 以上，而本土黄牛体型较小，产肉率低，饲养效益较差。

杂交牛通常营养需求高，饲料搭配标准高，其饲养的成本相对也高，而本土黄牛耐粗饲，饲草资源丰富。

杂交牛通常抗病力较差，对防疫管理要求高，而本土黄牛适应性强，抗病力强，耐粗饲。

6. 荷斯坦牛的特点有哪些？

荷斯坦牛具有产奶量高、适应性强、体型大等特征，存栏数量最多。

荷斯坦乳用型牛体型高大，结构匀称，后躯发达，侧方观察呈楔形，四肢较长，间距较小；毛色多为明显的黑白花片，额部有白星，腹下、四肢下部及尾帚为白色，偶有呈红白花片毛色；皮薄骨细，皮下脂肪少，被毛细短，乳房发育良好，乳静脉扩张明显，年产奶量6 500~7 500 kg，乳脂率3.6%~3.7%，产肉性能一般，屠宰率48%~53%。

荷斯坦兼用型牛体格稍小，体躯宽深，侧面观察略呈矩形，四肢较短而开张，毛色与乳用型相同，皮下脂肪较多，肌肉较发达，乳房附着良好，发育匀称，呈方圆形，乳静脉发达，年产奶量4 500~6 000 kg，乳脂率3.8%~4.2%；产肉性能较好，屠宰率55%~60%；成熟较早，14~18月龄开始配种。

7. 娟姗牛的特点有哪些？

娟姗牛是主要乳用牛品种中体型最小的品种之一，性成熟早，耐粗饲，耐热性强，采食性好，乳质浓厚，乳脂、乳蛋白含量均明显高于普通奶牛，优质乳蛋白含量达3.5%以上。

娟姗牛体型小，头小而清秀，额部凹陷，两眼突出，乳房发育良好，毛色从浅灰色、深黄色到接近黑色。成年公牛体高123~130 cm，体重500~700 kg；成年母牛体高111~120 cm，体重350~450 kg，年产奶量3 500~4 000 kg。

8. 夏洛莱牛的特点有哪些？

夏洛莱牛属于大型肉牛品种，体型大，耐粗放，觅食能力强，生长快，肉量多，瘦肉多，屠宰率高达68%，营养价值高，蛋白质含量高达8%~9.5%。其肢蹄较弱，腐蹄病、蹄叶炎以及关节炎等肢蹄疾病发病率高达33.8%，仅次于奶牛的发病率，适于在地势相对平坦的平原地区饲养。

夏洛莱牛成年体重，公牛为1 100~1 200 kg，母牛700~800 kg，初生公犊重45 kg，母犊重42 kg。被毛为白色或乳白色，皮肤常有色斑；全身肌肉特别发达；骨骼结实，四肢强壮。头小而宽，角圆而较长，并向前方伸展，角质蜡黄，颈粗短，胸宽深，肋骨方圆，背宽肉厚，体躯呈圆筒状，肌肉丰满，后臀肌肉很发达，并向后面和侧面突出，常形成“双肌”特征。在良好的饲养条件下，6 月龄公犊可达 250 kg，母犊 210 kg。日增重可达 1. 4 kg，公牛周岁可达 511 kg，16 月龄的育肥母牛胴体重达 418 kg，屠宰率 66. 3%。夏洛莱母牛泌乳量较高，一个泌乳期可产奶 2 000 kg，乳脂率为 4. 0%～4. 7%，母牛难产率较高。

9. 西门塔尔牛的特点有哪些?

西门塔尔牛耐热、抗病力强，耐粗饲，采食量大，吃草快，不择食，繁殖能力强，终生可产仔 8～15 头，妊娠期较长，平均为 289 d。

西门塔尔牛为大型牛种，骨骼粗壮结实，嘴宽，眼大，角细致。前、后躯发育良好，体躯深，背腰长宽而平直，臀部宽平，四肢粗壮，蹄圆厚。乳房发育中等，泌乳力强，被毛多为黄白花和红白花，头尾和四肢为白色。

初生公犊体重通常为 45 kg，母犊为 44 kg，1 周岁体重可达 454 kg。成年公牛体重可达 1 000～1 300 kg，500 日龄的公牛日均增重为 1. 15 kg；母牛体重 650～700 kg，年均产奶量达 4 000 kg，乳脂率为 3. 9%。其胴体瘦肉多，肉质良好，屠宰率通常为 55%～60%，育肥良好的公牛屠宰率可达 65%。

10. 南阳黄牛的特点有哪些?

南阳黄牛肉质细、香味浓、大理石花纹明显，皮质优良，肉用性能及适应性能俱佳。部分牛存在胸部深度不够，尻部较斜和乳房发育较差的缺点。

毛色分黄、红、草白三种，黄色为主，体格高大，肌肉发达，结构紧凑，皮薄毛细，行动迅速，鼻镜宽，口大方正，肩部宽厚，胸骨突出，肋间紧密，背腰平直，四肢端正，筋腱明显，蹄质坚实，荐尾略高，尾巴较细。

公牛头部方正雄壮，颈粗短多皱纹，前躯发达，鬐甲较高，肩峰隆起 8~9 cm，肩部斜长。母牛头部清秀，较窄长，嘴大平齐，颈薄呈水平状，长短适中，肩峰不明显，前胸较窄，胸骨突出，后躯发育良好。其缺点有尾部短尖、尾根高、乳房发育较差等。按角色可分为青角、黑角、白角和黄蜡角。鼻镜多为肉色和淡米红色，蹄壳有黄蜡色、琥珀色、黑色和褐色 4 种。

公牛性成熟期为 10~20 月龄，母牛的初情期是 8~12 月龄，2 岁开始配种，最佳的配种年龄为 3~6 岁，繁殖率为 65%~85%，年产 1 犊或 3 年产 2 犊，妊娠期为 250~308 d。10~12 月龄育成牛，育肥 7~8 个月体重可达 441.7 kg，平均日增重公牛为 813 g，屠宰率为 55.6%，净肉率为 46.6%，个体屠宰率最高可达 60.6%，净肉率可达 54.9%，骨肉比为 1∶5.12。

11. 夏南牛的特点有哪些？

夏南牛是中国第一个具有自主知识产权的肉用牛品种，以法国夏洛莱牛为父本，南阳牛为母本，采用杂交创新方法培育而成的肉用牛新品种。夏南牛含夏洛莱牛血统 37.5%，含南阳牛血统 62.5%。夏南牛适应性强，耐粗饲，食量大，采食及生长速度快，易管理，抗逆性强，性情温顺，行动较慢，耐寒冷，耐热性能稍差，肉质脂肪少、纤维细、肉色纯、口感好。既适合农村散养，也适宜集约化饲养，高营养水平条件下，更能发挥其生产潜能。

夏南牛体格健壮，毛色纯正，以浅黄色、米黄色居多。公牛头方正，额平直，成年公牛额部有卷毛；母牛头清秀，额平稍长；公牛角呈锥状，水平向两侧延伸；母牛角细圆，致密光滑，多向前倾，耳中等大小，鼻镜为肉色，颈粗壮，平直，成年母牛结构匀称，体躯呈长方形，胸深而宽，肋圆，背腰平直，肌肉比较丰满，尻部长、宽、平、直；公牛四肢粗壮，蹄质坚实，蹄壳多为肉色，尾细长；母牛乳房发育较好。

12. 鲁西黄牛的特点有哪些?

鲁西黄牛是我国名贵牛种之一，其体躯高大，结构匀称，健壮威武，肉用价值高，性情温顺，体壮抗病，易于饲养管理。产肉率高，肌纤维细，肉质良好，脂肪分布均匀，大理石花纹明显。

鲁西黄牛被毛从浅黄色到棕红色，以黄色居多，鼻与皮肤均为肉红色，部分有黑色斑点。多数牛具有三粉特征，即眼圈、口轮、腹下为粉白色；公牛角型多为倒八字角或扁担角，母牛角型以龙门角较多。公牛头短而宽，前躯发达，颈部短粗壮，肉垂明显，肩峰高大，胸深而宽，四肢粗壮；母牛颈部较长，背腰平直，四肢强僵，蹄多为琥珀色，尾细长呈纺锤形。

母牛性成熟早，8~10 月龄即可配种怀胎，发情周期平均为 22 d，范围 16~35 d，发情持续期 2~3 d。妊娠期平均为 285 d，范围 270~310 d。产后第一次发情平均为 35 d，范围 22~79 d。母牛初配年龄 1.5~2 岁，终生可产犊 7~10 头，产仔率较高；公牛性成熟略晚，通常 2 岁开始配种，可利用 5~7 年。

13. 秦川牛的特点有哪些?

秦川牛是我国著名优良黄牛品种之一，居全国五大良种黄牛之首，被誉为中国的瑰宝。其适应性强，耐粗饲，既可放牧，又可舍饲。成熟早，增重快，屠宰率、瘦肉率、骨肉比等指标都较高，其肉质细嫩，柔软多汁，色泽鲜红，具大理石花纹，肉含高蛋白质和多种氨基酸，脂肪含量低。

秦川牛体格健美，高大硕壮，结构匀称，皮薄毛细，被毛紫红色。公牛体大结实，头较粗大，额宽面平，眼大传神，角短扁圆，颈部粗短，垂皮发达，鬐甲高宽，胸宽而深，背腰平直，长短适中，腹圆紧凑，体肥浑圆，四肢坚实，蹄质较硬，姿态健美，雄壮强悍；母牛头部清秀，体躯匀称，乳房发育良好。公牛平均体高 141.66 cm，体重 594.5 kg；母牛平均体高 124.5 cm，体重 381.3 kg。

14. 晋南牛的特点有哪些？

晋南牛属大型役肉兼用品种，耐热、耐劳、耐粗饲，体型高大粗壮，肌肉发达，前躯和中躯发育良好，饲料利用率和屠宰率较高，但存在乳房发育较差、泌乳量低、尻斜而尖等缺点。

公牛头中等长，额宽，顺风角，颈较粗而短，垂皮比较发达，前胸宽阔，肩峰不明显，臀端较窄，蹄大而圆，质地致密；母牛头部清秀，乳房发育较差，乳头较细小。毛色以枣红色为主，鼻镜粉红色，蹄趾亦多呈粉红色。晋南牛体格粗大，胸围较大，体较长，胸部及背腰宽阔，成年牛前躯较后躯发达，具有较好的役用体型。成年公牛体高、体长、胸围、管围和体重分别约为：138 cm，157 cm，206 cm，20 cm，607 kg，成年母牛分别约为：117 cm，135 cm，165 cm，16 cm，339 kg。

15. 延边牛的特点有哪些？

延边牛体质结实，抗寒性能好，适宜于林间放牧，属役肉兼用品种，是寒温带的优良品种。

延边牛胸部宽深，骨骼坚实，被毛长而密，皮厚而有弹力，毛色多呈浓淡不同的黄色，其中浓黄色占 16.3%，黄色占 74.8%，淡黄色占 6.7%，其他占 2.2%。鼻镜通常呈淡褐色，带有黑点。公牛额宽，头方正，角基粗大，多向后方伸展，成一字形或倒八字角，颈厚而隆起，肌肉发达。母牛头大小适中，角细而长，多为龙门角。

母牛初情期为 8~9 月龄，性成熟期平均为 13 月龄；公牛性成熟期平均为 14 月龄。母牛发情周期平均为 20.5 d，发情持续期为 12~36 h，平均为 20 h。母牛终年发情，7~8 月为旺季。常规初配时间为 20~24 月龄。

第二章 牛场的规划与设计

16. 牛场如何选址?

规模化牛场选址要根据国家畜牧业发展规划、城镇建设发展规划、农田基本建设规划和各地区产业化发展建设目标等来规划选择场址。同时也要适应现代养牛业的发展趋势，因地制宜，结合资金、技术、场地、运输和饲料等资源情况科学规划。场区面积可根据饲养规模、管理方式、饲料贮存和加工条件等来具体规划确定。

应满足通风良好、背风向阳、较干燥的条件，地势较高，排水良好，稍有1%~3%的坡度，北高南低，总体平坦，地形方整开阔，有利于规划和建筑布局，避免狭长和多边的地形。同时也要综合考虑当地最高温度、最低温度、湿度、年降水量、主风向、风力等气象因素，切记不可选址于地势低洼、排水困难、汛期积水的区域，防止为冬季防寒增加困难和成本。

选择土质松软，抗压性强，透水性好，雨水、尿液不易积聚的砂壤土最为理想，有利于牛舍及运动场的清洁与卫生，更有利于减少和防止蹄病的发生，而黏土通透性不强，不宜选择。

水源要取用方便，地下水位在2 m以下的水源，可为牛场提供清洁、充足优质的饮用水。禁止在缺水严重或水源污染严重的区域建场。

17. 牛场布局需要考虑哪些因素?

牛场的规划布局应以经营规划、生物安全管理、饲养规模、饲养工艺流程、气候和地形条件、交通、水电和通信等情况为依据，在满足经营生产的前提下，总体布局坚持因地制宜、中长期统筹规划、场区整齐紧凑、土地利用率高及节约建设投资的原则，进而达到安全高效生产的目标。

牛场布局通常分为生活管理区、辅助生产区、生产区、隔离区及粪尿无害化处理区，根据当地全年主风向和场址地势，由上而下规划布局各区，各区相互隔离，以便于防疫和安全生产管理。饲草饲料运送道路与牛粪装运道路应合理分离，尽量避免或减少交叉。

18. 奶牛场常用的挤奶厅（台）特点有哪些?

挤奶厅（台）便于将奶牛集中挤奶，具有牛奶质量高、效率高、便于管理等优势，常见的有平面畜舍式挤奶厅、转盘式挤奶台、鱼骨式挤奶台、并列式挤奶台和串列式挤奶台。

平面畜舍式挤奶厅：挤奶栏位排列与牛舍排列相似，奶牛从专用通道进入挤奶栏位，由挤奶员人工辅助套上挤奶器进行挤奶。这种设计具有投资小、造价低等优点，但其缺点为劳动强度大、生产效率较低。

转盘式挤奶台：利用可转动环形挤奶台进行流水作业，其优点为奶牛可鱼贯式进入挤奶厅，挤奶员在入口处对奶牛乳房进行冲洗、套奶杯，操作方便，转一圈耗时约为 10 min，劳动效率高，适宜于规模奶牛场，其缺点为设备造价较高。

鱼骨式挤奶台：挤奶机在挤奶台呈两排排列，形状犹如鱼骨，栏位倾斜约 30°，利于挤奶员挤奶操作，减少活动距离，提高了劳动效率，基础建设投资较少，适宜于中等规模的奶牛场，栏位数量可根据实际需要进行设计。

并列式挤奶台：该挤奶台具有操作距离短、操作安全、环境卫生干净等优势，但距离较短导致奶牛乳房可视度较差，可根据栏位需求按照 1×4 至 2×24 进行栏位设计，适宜于不同规模的奶牛场。

串列式挤奶台：设置双列挤奶栏位，通常是以 1×2 到 2×6 的形式排列。栏位间设有挤奶坑道，其深约 0.8 m，宽为 2 m，适用于规模在 100 头以下的奶牛养殖场。这种设计使挤奶员在挤奶过程中不必频繁弯腰，有助于提高挤奶效率，减少劳动力成本，并在一定程度上改善挤奶员的工作环境，也使得挤奶过程更为流畅。

19. 牛场饲草料区如何设计？

饲草料区应根据地势、饲养规模和饲喂程序等因素进行厂房面积的设计，合理布局青贮池、干草房、精料库、全混合日粮（TMR）配制库及设备间等场所，尤其是青贮池开口方向朝向精料库与干草房，便于原料取运与TMR的配制。

20. 牛床设计的标准是什么？

牛床通常长1.6 m，宽1 m，牛床坡度1%，前高后低。不同牛群的牛床设计标准为：成年奶牛牛床长170～180 cm，宽110～130 cm；青年牛牛床长160～170 cm，宽100～110 cm；育成牛牛床长150～160 cm，宽80 cm；犊牛牛床长120～150 cm，宽60 cm。

21. 牛场用于保定的设备有哪些？

常用的保定设备包括：保定架、鼻环、缰绳与笼头等。

保定架是牛场不可缺少的设备，供打针、灌药、编耳号及治疗时使用。通常用圆钢材料制成，主体高160 cm，前颈枷支柱高200 cm，立柱部分埋入地下约40 cm，架长150 cm，宽65～70 cm。

鼻环有两种类型，一种为不锈钢材料制成，质量好又耐用，但价格较贵；另一种为铁或铜材料制成，质地较粗糙，材料直径4 mm左右，价格较便宜。

缰绳与笼头是拴系饲养条件下不可缺少的。缰绳通常系在鼻环上以便于牵牛，笼头套在牛的头上，方便抓牛。材料有麻绳、尼龙绳、棕绳及用布条搓制而成的布绳，每根缰绳长150～170 cm，粗（直径）0.9～1.5 cm。

22. 牛场卫生及防治等设备有哪些？

牛场设备包括清扫必备工具（竹扫帚、铁锨、架子车或独轮车等）、牛刷子（主要有棕毛刷、铁丝刷，用于清洁牛体表面粪污及皮毛下的寄生虫，促进血液循环，具有保健作用）、吸铁器（主要用于清除饲草中混杂的细铁丝、铁钉等杂物，防止因误食而导致的网胃炎、心肌炎等）、耳标钳、注射器、采血器（临床使用较多的是兽用采血器和人用真空采血器）及诊疗设备（听诊器、输精枪等）等。

23. 青贮池如何规划与设计？

青贮池规划与设计需要考虑容量规划、位置选择、形状和结构、密封性和防雨防晒措施、配套设施等。

容量规划：青贮池的容量应根据养殖规模和饲养计划进行确定。通常每头牛每天需要消耗约15 kg的青贮饲料，根据牛的数量和饲养计划来计算青贮池的容量，考虑青贮饲料的密度和压缩率，每立方米青贮池可以盛装约500 kg的青贮饲料。

位置选择：青贮池应建在便于原料运输和饲料分配的地方，通常位于饲养区的中心位置，确保建造地点地势较高，排水良好，防止雨季积水。

形状和结构：青贮池通常采用长方形设计，长度可根据地形和需求进行调整，但不宜过长，以方便取用和管理。池壁应坚固耐用，能够承受压实机等重型设备的压力。底部应有一定的坡度，以便于排水。

密封性和防雨、防晒措施：青贮池的密封性至关重要，以防止空气进入导致饲料腐烂。池顶应使用防水材料进行密封，同时要定期检查是否有裂缝或损坏，并及时修复。此外，应考虑防晒和防雨措施，以保持青贮饲料的质量。

配套设施：根据需要，可在青贮池附近配备装载机和运输车等设备，以便快速、高效地进行饲料装载和运输。同时，应考虑排水系统的设置，以便及时排出雨水。

24. 牛场圈舍规划设计需要考虑哪些因素？

牛舍分为犊牛舍、青年牛舍、成年牛舍，规划设计通常要根据当地气候条件、地势等因素具体设计，如钟楼式牛舍因其通风良好，适宜于南方炎热地区，房舍式牛舍因其保暖效果好，适宜于北方严寒低温地区。对于奶牛场还应考虑与挤奶方式的配套问题。

牛舍运动场地应设置于向阳面，周围加强绿化，根据饲养密度具体规划运动场大小，通常每头牛占地 20～40 m^2，否则饲养密度过大，较易造成运动场污浊泥泞，导致乳房炎、腐蹄病等多发。场区绿化也可达到环境改善和美化的效果。

犊牛舍：主要饲养 7 日龄至断奶的犊牛，要求牛舍清洁干燥、通风良好、光线充足，能防止贼风和潮湿等。目前常用的犊牛栏主要有单栏、群栏和室外犊牛栏等几种。单栏规格通常为长 130 cm、宽 80～110 cm、高 110～120 cm，犊牛从出生后即在栏中饲养，隔离管理 1 个月后可过渡至其他圈舍。群栏饲养的犊牛应按体型大小进行分群管理，通常每栏可饲养 5～15 头犊牛，每头犊牛占地 1.8～2.5 m^2，栏高 120 cm，在群栏的单侧或两侧设置饲槽并安装栏栅颈枷，便于喂奶或个体检查治疗时对牛进行固定。每栏装配自动饮水器，便于犊牛随时能够喝到清洁的饮水，必要时可加装加热装置，可降低应激，减少腹泻等病的发生。

青年牛舍：主要饲养从配种到分娩前的牛，通常采用舍饲拴系，单坡单列敞开式饲养，每头牛占用面积 6～7 m^2，跨度 3～5 m。牛床通常为长 1.4～1.6 m，宽 0.8～1 m，坡度 1%～1.5%，舍内设单排通栏，牛只固定，便于管理。

成年牛舍：拴系饲养的牛舍根据饲养量分为单列式和双列式。单列式牛舍通常在牛舍内部沿着房屋的纵轴布局一排牛床位，其特点是牛舍跨度小（通常为 5.5～6 m），通风良好，散热面积大，适宜于饲养数量较少的牛场。双列式牛舍沿着牛舍内部纵向布局两排牛床，牛舍跨度大（通常为 11～12 m），比单列式牛舍可节约 10%的建筑面积，通常采用对尾式饲养，两边各有一条喂料走道。

25. 牛场粪污无害化处理区如何规划与设计？

粪污无害化处理区规划布局应根据本场生产实际，布局紧凑科学，便于施工与维护，选址应处于养殖场下风向或侧风向，并与生活区、办公区、生产区等设有有效的物理隔离措施，净污道设计应分离不交叉，场地建立排水系统，并实施雨污分流，设施应做到防雨、防渗漏。

粪便收集可采取人工或机械收集，配备相应的工具，设置专用的清粪通道、舍外运输通道；粪污处理设备能够满足本场生产实际需求，做好粪污及污水的处理，优先采取堆粪发酵处理工艺，污水优先采取“能源生态型”处理工艺，无足够土地消纳时可采取“能源环保型”处理工艺，具体可参照《畜禽粪污处理场建设标准》(NY/T 3023—2016)。

第三章　牛的繁殖技术

26. 母牛的生殖器官结构有什么特征？

母牛的生殖器官主要包含卵巢、输卵管、子宫、阴道、生殖前庭、阴唇和阴蒂等组织。

卵巢长 2~3 cm，宽 1.2~2 cm，厚 1~1.5 cm，呈扁椭圆形，附着于卵巢系膜上，子宫颈尖端外侧。从阴唇由后至前，依次为生殖前庭、阴道、子宫等。生殖前庭长约 10 cm，阴道全长约 25 cm；子宫分为子宫颈、子宫体及子宫角三个部分，子宫颈长 5~10 cm，子宫体长 3~4 cm，子宫角长 20 ~40 cm。生殖前庭长度、阴道长度、子宫颈长度共计 37~48 cm（均长约 42 cm）。

27. 常用的生殖激素药有哪些？

常用的生殖激素药主要有：促性腺激素释放激素（GnRH），用于调整母牛生殖机能紊乱和排卵，主要用于诱发母牛排卵发情；催产素促卵泡素（FSH），主要用于母牛催产和诱发同期分娩；促黄体素（LH），又叫卵泡刺激素，可促进母牛卵泡的生长发育，主要用于母牛不发情、安静发情、卵巢发育不全、卵巢萎缩、卵巢硬化等症；促乳素（PRL 或 LT）主要是促进乳腺的机能和促使黄体分泌孕酮；人绒毛膜促性腺激素（HCG）主要用于促进卵泡成熟和排卵、同期发情及治疗一些繁殖疾病；孕马血清促性腺激素（PMSG）具有双重活性，既有 FSH 的功能，又有 LH 的功能，主要用于母牛催情超数排卵等；雌激素（E2）、孕激素（P）主要功能是有利于胚泡的附植、促使胚胎发育、保胎、促进和维持乳腺发育等，多用于防治功能性流产和治疗卵巢囊肿；前列腺素（PG）用于调节母牛发情周期、诱发排卵、同期发情、人工流产或引产，也用于治疗持久黄体囊肿和子宫积脓等。

28. 什么叫性成熟？

性成熟是指公牛、母牛生长到一定年龄，其生殖器官发育基本完成，开始产生有生殖能力的性细胞，即精子和卵子，表现性行为和第二性特征，并可进行交配，母牛即可受孕。

性成熟的主要标志是能够产生成熟的生殖细胞，母牛第一次开始发情，公牛开始产生成熟的精子。性成熟的年龄通常与牛的品种、性别、营养、饲养管理、环境等因素相关，同时个体间也有所差异。比如黄牛通常比水牛的性成熟期早，培育的品种性成熟期要比原种早，通常公牛性成熟期比母牛早，在良好的饲养管理和卫生环境下，营养充足的牛性成熟期比营养不足的牛早，饲养于低温寒冷北方的牛比饲养于气候温暖南方的牛性成熟期晚。性成熟的年龄，通常黄牛公牛为 6~8 月龄，黄牛母牛为 8~10 月龄，水牛公牛为 10~12 月龄，水牛母牛为 12~18 月龄，奶牛通常为 9~10 月龄，肉牛为 7~10 月龄。

29. 什么叫体成熟？

体成熟是指公牛、母牛的体型基本达到生长发育完成期，已具有公牛、母牛的固有外形。牛达到体成熟的年龄，与种类、品种、性别、营养、饲养管理、生活环境等因素相关，个体间也略有差异。母牛达到性成熟年龄，但个体小，生长发育还在继续，尚未达到体成熟，不适宜于配种。若母牛配种过早，不仅会影响母牛的生长发育，所产牛犊初生体重小，体质弱，不易饲养，同时也易发生难产，影响后期生产性能的发挥；初配过迟，不但不利于繁殖，也易导致母牛体质过肥而不易受孕。

种公牛配种过早，不仅会影响其正常发育，其后代品质也较差，同时也会造成性机能早衰，缩短利用年限；配种过迟，不仅会增加饲养成本，也会造成自淫、阳痿等疾病，进而影响精液质量与配种效果。

30. 什么叫发情周期?

在正常情况下，达到性成熟而未受孕的母牛，每隔一定的时间就会出现一次发情，这种有规律的周期性发情称为发情周期。通常把上一次发情开始到下一次发情开始的间隔时间，称为一个发情周期。母牛发情周期通常为 18～24 d，发情期平均为 21 d。

31. 母牛发情如何鉴别?

通常把外观上能看得到的外阴部变化、性兴奋和性欲等现象称为发情表现，母牛在发情期有 4 个生理特征，即外阴部变化、性兴奋、性欲和排卵。

外阴部变化：发情开始后，母牛外阴部由微肿逐渐变得肿大饱满，柔软而松弛，阴唇黏膜充血、潮红而有光泽，皱褶消失，用手指轻轻拨开两侧阴唇易开张，可看到阴道黏膜发红湿润、有光泽。排卵后，阴部肿胀自然消退而出现皱褶，阴唇充血、潮红亦消退。

母牛在出现性欲前 2 h，阴户通常流出黏液，并逐渐增多，尾部及后躯附着大量液体，排出的黏液由最初的清亮呈鸡蛋清样，逐步由稀变稠，排卵前排出的黏液由清亮变成不透明的乳白色。

性兴奋：母牛发情时特别敏感，兴奋不安，眼睛发亮，在运动场内来回走动，不吃草，不断摇尾举尾，耳朵直立，频频摆动，对外界声音敏感，时常鸣叫，食欲减退，喜欢接近公牛或比其高大的母牛。产奶母牛发情时产奶量下降。

性欲：母牛发情初期性欲不明显，随着发情时间的推移，母牛性欲越来越强，喜欢接近公牛或在牛群中追爬个体较大的母牛，当被别的牛爬跨时不逃不躲、老实安静，愿意接受爬跨。发情母牛爬跨其他牛时，常有滴尿，发出低声呻吟。

排卵：母牛排卵主要发生在性欲结束到结束后 18 h 这段时间，而大多数集中在性欲结束、母牛拒绝爬跨后 8～12 h 内，排卵标志着发情期结束。

32. 母牛乏情致病因素有什么？

乏情是指家畜在预定发情的时间内不表现发情的一种异常现象。根据出现乏情的时间可分为初情期前乏情、产后乏情和配种后乏情。

初情期前乏情：在初情期前的母牛生殖器官发育尚不完全，不具备繁殖功能，通常不会表现出发情现象，是家畜固有的一种正常生理现象。发育性成熟进入初情期的母牛已具备繁殖能力，发情周期开始循环。母牛第一次表现发情与年龄、体重等因素有关，只有在体重、年龄都达到相应的要求时才会表现发情。

产后乏情：母牛产后在特定的一段时间内停止发情，是正常生理反应，只有在其子宫修复完成后发情周期才可开始。正常情况下，母牛在产后有20~70 d的乏情期，导致产后乏情的因素主要有哺乳、营养、产科疾病、慢性消耗性疾病、持久黄体、季节及光照等。

配种后乏情：导致母牛在配种后未孕而乏情的主要因素有胚胎早期死亡、延期流产等；当母牛患卵巢囊肿时，特别是黄体囊肿、卵泡囊肿后期，通常会导致长期不发情而处于乏情状态；发生子宫积脓、子宫肿瘤时，前次排卵后形成的黄体长久不消退，导致母牛不发情；母牛营养物质缺乏、采食量不足、饲料品质低劣，导致营养不良，或发生体重减轻的全身性疾病，母牛则会停止发情。

33. 如何掌握母牛人工授精的时间？

母牛发情后的排卵时间、卵子到达受精部位的时间、保持受精能力的时间、精子到达受精部位的时间以及精子在母牛生殖道内保持授精能力的时间，均是判定何时配种的关键。

排卵时间：母牛的排卵时间通常发生在发情结束后，黄牛通常在发情结束后5~15 h内排卵，水牛通常在发情结束后10~18 h内排卵，大部分母牛排卵发生于夜间。

卵子到达受精部位时间：排出的卵子在6~12 h到达输卵管壶腹部（即受精部位）。

保持受精能力的时间：卵子进入输卵管壶腹部保持受精能力的

时间为 6~12 h。

精子在母牛生殖道内保持授精能力的时间：精子进入母牛生殖道后，15 min 左右就能到达输卵管壶腹部，在母牛生殖道内精子保持授精能力的时间约为 28 h，并在其间进行授精的准备过程。

输精最适宜的配种时间：母牛发情结束或排卵前 6 h 内是进行人工输精最适宜的配种时间，此时发情母牛表现安静，阴道黏液已变黏稠，黏性强，直检时有卵泡突出于卵巢表面，触之壁薄、紧张，波动感明显，有一触即破之感，此时输精最为适宜。

在实际生产中，通常上午发现母牛发情，下午进行第一次输精，次日上午进行第二次输精；如次日下午母牛继续表现发情，则在第二天上午进行第一次输精，下午进行第二次输精。母水牛由于发情持续时间较长，于发情开始后 24~36 h 排卵，通常在发现母水牛开始发情后，隔日再输精，8~12 h 再进行第二次输精。

34. 人工授精前需要做哪些准备？

母牛准备：先将母牛保定于输精架或牛床颈架上，先用 1%的新洁尔灭或 0.1%的高锰酸钾溶液对母牛外阴部进行清洗消毒，然后用干净的毛巾或纱布擦干。输精时让助手或饲养员辅助将母牛尾巴抬起并拉向一侧。

输精器械的准备：需备好牛用输精枪、一次性长臂手套、输精枪外套、精液解冻杯等用品，所有输精器械必须严格消毒，每次使用后应及时消毒备用。一支输精器一次只能为一头牛输精，未经消毒的输精器不能重复使用。

精液要求：如为改良品种而获得优秀的后代，在引进冻精时要特别注意对优秀种公牛的选择，要有系谱及相关性能记录，总性能指数（TPI）要高。使用冻精液应符合国家标准《牛冷冻精液》（GB 4143—2022）的要求，采用细管包装，细管上标有牛的品种、牛号、生产日期和单位等信息，细管封存完好，同时要达到解冻后精子活力不低于 35%，每支细管内直线运动精子数不低于 800 万个，精子畸形率不高于 20%，顶体完整率不低于 40%等。

35. 直肠把握输精法技术要点有哪些?

人工授精前要先做好母牛的发情鉴定，确定适宜的输精时间。对以前曾配过种的母牛，配种前要先进行检胎，以防误配漏配。

操作人员实施人工授精前必须将手指甲剪平、磨光、洗净、消毒，穿工作服和鞋，戴上乳胶手套，涂上润滑剂后方可进行操作。若无乳胶手套，手掌和手臂均应用 75%的酒精消毒，待酒精挥发后再涂上润滑剂，实施操作。

检查精液质量，将解冻后的精液进行镜检，精子活力低于Ⅲ级(精子快速直线前向运动）不得使用。

采用直肠把握深部输精时，术者左臂伸入母牛直肠，用左手隔着直肠壁把握子宫颈；右手持输精器由阴门插入，先向上倾斜插入一段，避开尿道口，而后平行进入，直至子宫颈口，与左手配合将输精器套入子宫颈口，将输精器前端深入到颈管的后半部（插入 5~6 cm)，随即输入精液，然后轻柔缓慢地抽出输精器。如果母牛肠壁绷得太紧，手握子宫颈不要太过用力，应按摩或轻轻摩擦肠壁，待其松弛之后，再去把握子宫颈管。插入输精器时，手要轻提并随牛移动，如果阴道皱褶挡住输精器，切勿强行用力插入，以免造成阴道损伤。注入精液时，要把输精器稍微向后拉一下，避免输精器口被堵。

输精结束后，冻精液的编号（公牛号)、品种、母牛号、输精量及精液品质、输精时间、预产期等信息应详细记录，以备后查。

36. 牛的冷冻精液在运输和保存过程中应注意哪些问题?

牛的冷冻精液必须在液氮中进行保存和运输，才能保证精子在解冻后仍然具有足够的活力，只有在分装和配种使用时冷冻精液才能短暂离开液氮；运输过程中必须保证液氮罐里的液氮始终覆盖细管，严防液氮罐倒置、倾斜和不断震荡；储存区域应阴凉，避免被阳光直接照射，每周定期检查液氮是否充足，及时补充液氮。

37. 什么叫同期发情？

同期发情又叫同步发情，是指采用三合激素、前列腺素、孕马血清、孕酮、绒毛膜促性腺激素等激素处理尚未发情的母牛，使一定数量的母牛在短时间内集中发情。

同期发情是一种控制母牛群体发情的技术，与人工诱导发情在本质上有一定的共同点。人工诱导发情通常是指对长期不发情的母牛，利用激素或其他方法，提高卵巢的生理活性，使之出现发情。两者不同之处在于，同期发情要求经过处理的一群或数头母牛在预定的日期内同时发情，在时间上要求相对一致而准确。而人工诱导发情则无这一要求，通常仅作为一种治疗手段，同期发情能够提高繁殖效率，便于规划生产管理，能够节省人力、物力成本。

38. 胚胎移植在实际生产中有何意义？

胚胎移植是指将良种母畜配种后的早期胚胎取出，移植到另一头同种、生理状态相同的母畜体内，使之继续发育成为新个体的技术，又称为受精卵移植，也称为借腹怀胎或人工授胎。胚胎移植可以充分发挥优良母牛的繁殖效率，便于良种群的建立、扩大及选种，缩短育种进程，减少繁殖母牛的饲养头数，降低饲养管理费用，提高生产效率，也是保存濒危牛种资源的有效方法之一。

39. 什么叫分娩控制？

分娩控制又叫诱发分娩，是指在母牛妊娠末期或分娩前数日内，利用激素诱发母牛在预定日期或时间内分娩，产出正常牛犊的一项繁殖管理技术。分娩控制主要有以下优点：可使牛群的分娩时间趋于一致，有利于牛群的管理工作；可以合理组织人力，有计划地利用产房和其他设施；可以有准备地进行助产和护理工作，减少母牛和牛犊的损伤事故；可得到体格大小和年龄比较一致的牛犊，便于产业化商品牛生产。

40. 母牛妊娠如何判断？

常用的妊娠判定方法主要有外部观察法、直肠检查法、牛奶酒精反应法和硫酸铜溶液诊断法。

外部观察法：母牛怀孕后，首先表现为周期性的发情停止，采食量增加，营养状况改善，被毛光亮。怀孕 5 个月后，腹围逐渐增大，产奶量下降，在右侧腹壁可看到突起的胎动。妊娠到 6~7 个月时，用听诊器可听到胎儿的心跳，胎儿心跳比母牛快，每分钟达 110~150 次。外部观察法能在一定程度上反映母牛的受胎效果，但准确性相对较差，无法准确判定怀孕早期的母牛。

直肠检查法：直肠检查是判断母牛受孕与否最准确、最有效的方法。适宜于判定受孕 1 个月以上的妊娠母牛。

操作时用手隔着直肠壁直接触摸母牛的子宫和卵巢，根据子宫和卵巢的变化以及有无胎儿来确定母牛是否受孕。妊娠 1 个月左右的母牛，子宫颈位于骨盆腔内，子宫角位于耻骨联合的前端或略向腹腔垂入；孕角变粗变软，略大于空角，仔细轻微触摸，孕角内有长袋状液体波动感；孕角一侧的卵巢较空角侧的稍大，表面可摸到突出较硬的黄体，叫妊娠黄体。40~50 d 时，孕侧卵巢黄体明显，子宫角继续变粗，孕角较空角增粗 1~2 倍，柔软如水袋，角间沟不明显，即可判定为妊娠。到 90 d 左右时触诊孕角，可摸到如胎儿头大的液囊。接近 4 个月时，开始出现子叶，子宫中动脉已经有妊娠脉象出现。如此时检查，仍可摸到完整的子宫，宫角仍没有任何变化即为空怀。

牛奶酒精反应法：通过鉴定受配母牛的鲜奶以判断其是否受孕。具体方法是：取被检母牛的鲜奶 5 mL，吸入玻璃器皿中，然后加入 1 mL 95%的酒精。如奶样在 5 min 之内凝结，即可判定为妊娠阳性奶，表明母牛已孕，反之则为空怀。此法适宜于配种后 40 d 左右的母牛。

硫酸铜溶液诊断法：采取受检母牛的鲜奶常乳和末乳各 5 mL 或 10 mL，充分混匀，用吸管取奶样 1 mL 置于平皿上，滴入 1~3 滴 3%

的硫酸铜溶液，轻轻摇动后观察，奶样出现云雾状沉淀时即表明母牛已怀孕，反之则为空怀。

41. 母牛分娩日期如何推算？

母牛预产期的推算，以最后一次配种日算起，加上平均怀孕天数，即为该牛的产犊日。现以黄牛为例，平均怀孕期为 280 d，可采用“月减 3 日加 7”的方法推算。即配种月份减 3，配种日期加 7，即为产犊日。例如：有一头母黄牛于 2023 年 10 月 23 日最后一次配种，其预产期为：10−3 =7……预产月，23+7=30……预产日，这头母牛的预产期为 2024 年 7 月 30 日。

由于水牛的妊娠期比黄牛长，故其计算公式也应随之调整，水牛的妊娠期平均为 307 d，预产期推算公式为“月减 2 日加 3”。沼泽型水牛的妊娠期平均为 330 d，其预产期推算公式则应为“月减 1 日减 5”。

42. 母牛人工助产如何操作？

临产前用 0.1%的高锰酸钾溶液对母牛的外阴部尾根及后躯进行清洗消毒。当胎膜水泡露出阴门 10~20 min，母牛卧地，此时应使其向左侧卧，以免胎儿受到瘤胃的压迫而发生难产。

母牛正常分娩时，胎儿的两前肢夹着头先出来，胎儿前蹄顶破胎膜，倘若发现胎位或胎势不正时，应先将胎儿顺势推回子宫，人工辅助进行矫正，切不可硬拉。如后肢在前时，应尽快拉出胎儿，以防造成胎儿窒息死亡。

母牛阵缩或努责无力时，应进行人工助产。首先用产科绳缚住胎儿两前肢系部，由助手拉住，助产者双手伸入产道，用大拇指插入胎儿口腔，然后捏住下颌，当母牛努责时用力往外拉，用力方向应稍向母牛臀部后下方。

胎儿头部通过阴门时，助产者应用手护住阴唇及会阴部，以避免撑破会阴部。胎儿头部拉出后，牵拉动作应轻柔缓慢，避免发生子宫内翻或脱出。

胎儿腹部通过阴门时，应用手护住胎儿脐带根部，以防止脐带断在脐孔内，同时可延长断脐时间，使胎儿获得足够的血液。

犊牛产出后，应立即用干净的毛巾擦去犊牛口鼻中的黏液，保障初生犊牛能够及时呼吸。在距腹部 8~10 cm 处剪断脐带，用碘伏充分消毒，以防感染。若犊牛出生时发生假死，心脏跳动正常，此时应立即倒提后肢，及时清除口腔及咽喉部的羊水，并采取人工呼吸，使犊牛恢复正常。最后剥去假蹄，称重、编号并详细记录。

母牛产犊后，以精料 1~2 kg、食盐 50~100 g、红糖 0.5 kg，适量温水调配后灌服，补充能量，缓解应激，促进胎衣排出。

43. 孕牛诱导分娩如何实施？

诱导分娩主要用于控制分娩时间，把母牛分娩时间控制在白天或较短的时间，便于组织人员，集中护理，保持产房清洁卫生；当出现胎水过多、子宫大量积脓、子宫大出血、胎儿死亡或胎儿干尸化等异常怀孕，产道异常（如畸形骨盆窄或阴道狭窄等）及其他如难以整复的阴道脱出、有恶性倾向的软骨症等不宜继续怀孕时，可实施诱导分娩。

药物方法：注射前列腺素或其他类似药物，在 1~7 d 内可引起分娩；注射 30~40 mg 地塞米松钠，引产成功率约为 83%。

机械方法：黄体摘除术、子宫颈扩张法、阴道内大量灌水，均可诱导分娩。由于机械方法操作困难，对母牛伤害较大，成功率低，临床不常用这些方法。

第四章　牛的饲养管理

44. 什么是全混合日粮？

传统饲喂方式存在饲料精粗比不易控制，干物质摄取量不均衡，尤其无法保证高产奶牛对精饲料和粗饲料的需求，无法实现精准饲喂，难以适应机械化、规模化、集约化经营等问题。

全混合日粮（TMR）是根据不同牛群营养需要的粗蛋白质、能量、粗纤维、矿物质和维生素等，把揉切短的粗料、精料和各种预混料、添加剂进行充分混合，将水分调整为45%左右而得到的营养较平衡的日粮。

全混合日粮配制时应严格按饲养标准中不同生产用途、不同品种牛对营养的需要进行科学配制，采用多种饲料配合，发挥营养物质的互补作用，尽量选用本地自产饲料，并考虑其饲料的适口性与饲用价值，坚持以粗饲料为主，混合精料为辅的原则，饲料配方中的能量、蛋白质、钙、磷等比例一定要符合不同品种、不同生产需求的营养标准需要。

45. 日粮中粗纤维如何控制？

粗纤维是牛日粮中不可取代的营养物质，一是可增加饲料的体积，在瘤胃中起着填充容积及利于微生物的作用；二是可刺激牛肠黏膜和肠胃的蠕动及粪便的排泄。日粮中粗纤维的含量不得超过18%，但不能低于13%，保持16%~18%的粗纤维量，有助于促进牛消化机能的旺盛，增加对饲料的利用效率，培养耐粗饲能力，增强体质和抗病能力。如牛日粮中粗纤维含量过低可造成其反刍停滞，进而引发疾病，严重时可造成死亡。

46. 青贮饲料品质如何判断?

青贮饲料是由含水分多的植物性饲料经过密封、发酵而成的，主要用于喂养反刍动物。青贮饲料中胡萝卜素含量较高，具有酸香味，柔软多汁，能够改善秸秆饲料的适口性，提高家畜的采食量与采食速度，提高秸秆饲料转化率，也可提高家畜的免疫能力，预防胃肠道疾病，抑制氨和胺的产生，减少粪便污染，改善饲养环境，提升牛肉、奶的品质，是冬、春季节优良的补饲饲料。青贮饲料品质鉴定主要有感观鉴定法和实验室鉴定法。

（1）感观鉴定法：主要根据青贮饲料的颜色、气味、口味、质地结构等指标，用眼看、手捏、鼻闻等来评定青贮饲料质量的好坏。

优等青贮饲料：黄绿色、绿色、酸味浓、有芳香味、有酒酸味、柔软稍湿润、易分离。

普通青贮饲料：黄褐色、黑绿色、酸味中等或较少、香味淡、稍有酒精味、柔软稍干或水分较大。

劣质青贮饲料：黑色、褐色、酸味很少、味臭、干燥松散或黏软成块，本类型青贮饲料禁止饲喂任何家畜。

（2）实验室鉴定法：主要根据青贮饲料的 pH 值大小来鉴定，优质青贮饲料 pH 值应在 4.0 以下。

47. 霉变饲料的危害有哪些?

霉变饲料中镰刀菌属霉菌所产生的脱氧雪腐镰刀菌烯醇（DON）、玉米赤霉烯酮（ZEA）及黄曲霉菌产生的黄曲霉毒素等毒素，导致牛出现急性或慢性中毒。

中毒后造成牛精神萎靡、饲料利用率降低、呕吐、食欲降低、肝脏肿大、增重降低，尤其对繁殖性能影响较大，能导致动物阴囊红肿，子宫扩张、肿胀及卵巢萎缩等病症，引起母牛发情周期延长、流产、繁殖率下降，公牛睾丸萎缩，出现“雌性化”。

黄曲霉毒素能降低动物的抗病力，影响动物免疫系统，降低机体的免疫应答能力，也可造成肉牛食品的污染。

48. 新生犊牛如何护理？

及时清除口腔和鼻孔内的黏液：犊牛产出后应立即清除其口腔及鼻孔内的黏液，以免黏液吸入气管、肺，而影响犊牛正常呼吸。如犊牛产出时呼吸困难，可握住两后肢，倒提犊牛，拍打其背部使黏液排出；如犊牛产出时已无呼吸但尚有心跳，可及时清除其口腔及鼻孔内的黏液，将犊牛在地面摆成仰卧姿势，头侧转，6~8 s 按压一次胸部，并进行人工呼吸直至犊牛能自主呼吸。

断脐：距离犊牛腹部 8~10 cm 处，卡紧脐带往复揉搓 2~3 min，用消毒过的剪刀将脐带距离腹部 8~10 cm 处剪断，挤出脐带中的黏液并将脐带的残部放入 5%的碘伏中浸泡 1~2 min。

擦干被毛：在环境温度较低时，开启取暖设备，及时擦干犊牛被毛上的黏液，以免其受凉。母牛自行舔干犊牛身上的黏液，其优点是能刺激犊牛呼吸，加强血液循环，促进母牛子宫收缩，及早排出胎衣，缺点是会造成母牛恋仔，导致挤奶困难。

喂初乳：初乳为母牛产犊后 3~5 d 内所分泌的母乳，对新生犊牛具有特殊意义，正确饲喂初乳对保证新生犊牛的健康是非常重要的。

49. 牛初乳有哪些优点？

牛初乳色深黄而黏稠，并有特殊气味，与常奶相比，其干物质含量高，尤其是蛋白质、胡萝卜素、维生素 A 和免疫球蛋白等含量是常奶的几倍至十几倍。

犊牛通过吃初乳来获得免疫力，初乳酸度高，还含有镁盐、溶菌酶和 K−抗原凝集素等物质。镁盐具有轻泻作用，有利于犊牛胎便的排出，溶菌酶和 K−抗原凝集素具有杀菌作用。

初乳中的免疫球蛋白可为犊牛提供抵抗各种疾病的免疫力，初乳中某些特殊的抗体也可辅助犊牛抵抗特定的病原体。

50. 牛初乳如何饲喂?

初乳饲喂时间：犊牛应在出生后1 h内吃到初乳，越早越好，因为初生时其肠壁通透性强，初乳中免疫球蛋白可直接通过肠壁被消化吸收，随着时间的推移，犊牛肠壁通透性逐渐下降，对免疫球蛋白的吸收能力降低。研究表明，在出生后最初的几小时内，对初乳免疫球蛋白的吸收率最高，平均高达20%，出生24 h后就无法吸收初乳中完整的抗体。

初乳饲喂方法：初次哺乳初乳时饲喂量应为1.5~2.0 kg，分3~4次饲喂，过多则会造成消化系统紊乱而引发腹泻，日饲喂量通常为犊牛体重的8%，以后每日饲喂3次，连续饲喂4 d，5 d以后可逐渐转为正常饲喂牛奶；可随犊牛食欲及采食量逐步提高。

初乳哺喂方式：可使用犊牛专用的橡胶奶嘴奶壶或奶桶饲喂，临床多使用奶壶哺喂初生犊牛，而奶牛场由于设备受限多用奶桶饲喂。

犊牛吮奶调教：将清洗消毒过的中指或食指蘸些奶，让犊牛吮吸，然后逐渐将手指放入装有牛奶的桶内，使犊牛在吮吸手指的同时也可吮取桶内的初乳，经3~4次训练后即可习惯桶饮。

注意事项：喂奶设备每次使用后应清洗消毒，降低病毒、细菌的生长与传播危险。挤出的初乳应立即饲喂犊牛，如奶温过低，可加热至38~39 ℃再饲喂。初乳温度过低，是造成犊牛腹泻的主要原因。未饲喂完的初乳可放入干净的容器内，低温保存，饲喂前1~2 h加热至35~38 ℃。

51. 牛初乳如何保存?

每头母牛产乳期可产初乳100 kg左右，犊牛整体饲喂大约40 kg，剩余初乳可通过适当的方法保存下来，供给犊牛继续使用和其他犊牛使用。

自然发酵法：将挤出的初乳用纱布过滤后倒入清洁的塑料桶内，放于室内阴凉处，让其自然发酵。由于初乳黏度大，每日用干净木棒搅动 1~2 次，防止凝固，室温 10~15 ℃下，4~6 d 可发酵好；室温 15~20 ℃下，2~3 d 可发酵好。发酵好的初乳呈豆腐脑状，颜色微黄，有乳酸香味，可保存 30~40 d。保存期间每日用干净木棒搅动 2 次，过期或有异味的初乳不能喂给犊牛。

加酸发酵法：当气温超过 20 ℃时，可在初乳中加入 1%的丙酸，搅拌均匀后封闭让其自然发酵，2~3 d 即可发酵好，可保存 30~40 d。

冷冻法：冷冻保存初乳质量高，可保存 6 个月。若初乳储藏不当，会出现分层、变味、酸度升高等变质现象。冷冻初乳在 50 ℃左右的水中浸浴解冻，不要烧煮和高温解冻。

52. 为何要实施犊牛早期断奶?

犊牛的哺乳期通常为 180 d，哺乳量为 800~1 000 kg，鲜奶用量多，培育成本高，虽在哺乳期犊牛日增重较高，但因其消化系统得不到有效锻炼，瘤胃发育晚且慢，不利于后期的生产性能提升。根据犊牛消化系统发育的规律，采取人为缩短犊牛的哺乳期，即早期断奶方法，不仅减少了哺乳量，也降低了犊牛的培育成本，又使犊牛的消化系统尽早得到锻炼，提高了犊牛的培育质量，为以后高生产性能的发挥打下基础，其哺乳时间和哺乳量应结合牛场犊牛饲养管理水平和早期断奶犊牛饲料条件而定。

53. 哺乳期犊牛如何管理?

犊牛出生后称其初生重，对其毛色花片、外貌特征（可拍照留档）、出生日期、谱系等情况作详细记录，并对牛进行编号，为科学管理与育种提供可靠的材料。

对犊牛的牛体、环境、牛舍以及用具卫生等加强管理，保持清洁、干燥、空气流通、适宜的温度等，用具每次使用后要严格进行清洗消毒。

加强日常巡护、健康观察，及早发现有异常的犊牛，及时采取适当的处理方法，以确保犊牛的健康成长，提高犊牛育成率。

饲料要少喂勤添，保证饲料新鲜、卫生，供给温度适宜的饮用水，任其自由饮用，水温不宜低于 15 ℃，冬季应喂给 30 ℃左右的温水。

每天给犊牛刷拭 1~2 次，适当运动，控制运动时间。

及时去角，剪除副乳头，预防常见的疾病尤其是肺炎和下痢。

54. 犊牛开食料如何配制?

开食料内应配合糖蜜（占干物质的 5%）和其他诱食剂；如开食料内 NDF（不可消化纤维）低于 25%时，应另外补饲干草，任其自由采食；犊牛开食料应含 18%的 CP（粗蛋白质），75%~80%的 TDN（总可消化养分），同时还必须添加维生素 A、维生素 D 和维生素 E。开食料内的谷物饲料必须经过粗磨碎，但不要过细，勤喂少给；开食料一定要保证新鲜，不能有异味。

犊牛出生后要限制牛乳饲喂量，最高不超过犊牛体重的 10%，有助于其多吃开食料；持续提供新鲜、清洁的饮水，有助于提高开食料的采食量；在犊牛吃完牛乳后，可在犊牛口部或奶桶底放置一些开食料，训练犊牛吃开食料。

55. 断奶期犊牛如何管理?

犊牛断奶至 6 月龄的时期称为断奶期，该阶段是犊牛生长发育的关键时期，4 月龄与 6 月龄的犊牛体重应分别达到 120 kg 和 170 kg 以上为宜，通常采用散放饲养、自由采食（精料除外）、自由饮水，有利于犊牛的生长和健康。

犊牛断奶后要继续饲喂断奶前的开食精料和粗饲料，随着月龄的增长，精料饲喂量应逐渐增加，4 月龄时要达到 1.5~2 kg，6 月龄时可达 2.5 kg 左右，4 月龄以前禁止饲喂青绿饲料，少喂青贮饲料。

断奶后的犊牛应分群饲养，每群以 10~15 头为宜，犊牛间的最大月龄差最好不超过 2 个月，以避免个体差异太大造成采食不均衡。

56. 育成母牛如何管理？

加强场区卫生管理，做好牛舍及运动场的清洁卫生，定期消毒。

育成母牛按月龄和体重划分合理分群，月龄相差通常不应超过3~4个月，以避免因采食不均衡而造成个体差异过大。

采用散栏饲养，保持充足的运动，以促进育成牛的健康发育和形成良好的体型，若运动量不足，易造成牛体型矮短、肉厚、产量低、利用年限短。

保证日粮营养均衡，供给清洁而充足的饮水。

每月称重，在12月龄、15月龄时测量其体尺，以评判其生长发育状况，并记录在案，如体重或体尺异常，要查明原因，及时采取相应的措施。

进行刷拭和调教，每天刷拭1~2次，既可保持牛体卫生、促进血液循环，又可使母牛养成温顺的性格，易于日后管理。

适时配种，育成母牛在15月龄，体重达到360 kg以上即可进行初次配种，以降低培育成本，提高母牛的终身产奶量。

怀孕青年母牛应单独组群饲养，配种后50~70 d进行妊娠检查，以确定母牛是否怀孕，确定怀孕后，要做好保胎工作，防止流产或早产，青年母牛怀孕5~6个月时检修牛蹄。

57. 日常饲喂如何管理？

少喂勤添：一次性足量投喂容易使牛养成挑食的习惯，造成饲料浪费，少喂勤添，可提升饲料利用率，节省饲料。

先粗后精：先喂粗饲料，牛采食一定量后，再按其营养需要饲喂精饲料或优良牧草，可充分发挥牛对粗饲料的消化特点，又可节省饲料。

铡短饲草：把饲草铡短后喂牛，比整喂节省20%左右，尤其是采食较少或难以采食的饲草，如粗硬茎秆铡短后饲喂，能被充分利用，提高消化率。

粗草细喂：作物秸秆进行盐化、碱化、氨化处理或粉碎后拌精料喂牛，可提高饲草的利用率。

改造食槽：在制作食槽时，应深一些，通常在 40 cm 左右为宜，可避免牛在吃草时抛撒草料。

58. 成年母牛分阶段饲喂如何管理？

成年母牛生产周期是指奶牛本次产犊到下次产犊这一期间，时间上与产犊间隔一致。生产周期也称泌乳周期，即这次泌乳到下次泌乳这一过程。

根据成年母牛的生理规律和生产特点，将生产周期分为 5 个不同的阶段，分别是干奶期（停奶日至产犊前 15 d）、围产期（母牛产犊前 15 d 至产犊后 15 d）、乳早期（又称泌乳盛期，产犊后 16～100 d）、泌乳中期（产犊后 101～200 d）及乳后期（产犊后 201 d 至干奶期）。

按成年母牛不同的生理和泌乳阶段分别饲养管理，能最大限度地满足牛所需的营养，保证牛的健康，延长其利用年限，充分发挥其产奶潜力，从而提高养牛效益。

59. 成年母牛干奶期有何意义？

成年母牛在怀孕的最后 2 个月采用人工的方法使奶牛停止泌乳，称为干奶期。

干奶期可以使奶牛在下个泌乳期到来之前有一个充足的休养时期，干奶期对母牛具有非常重要的作用，可以使母牛体质得到恢复，补偿母牛在泌乳期的体内营养损失，恢复健康的体质；可以使母牛乳腺组织得到修复和更新，为下一个泌乳周期打下良好的基础，以提高下个泌乳期的产奶量。

有利于胎儿的发育和健康。由于母牛妊娠后期胎儿增重加快，需要更多的营养供胎儿发育，干奶期母牛在产奶方面不需要过多营养，可为胎儿的发育提供更多的营养。

60. 奶牛如何干奶？

奶牛的干奶期以 50～70 d 为宜，即在母牛预产期前 50～70 d 干奶。具体干奶天数可根据母牛的体况和产奶量高低来确定。体况好、产奶量较低的母牛干奶期可在 50 d 左右，头胎牛、体弱牛及高产牛（年产奶量 8 000 kg 以上）干奶期可在 60～70 d。干奶期过短，奶牛体质和乳腺组织得不到很好的恢复；干奶期过长，会造成乳腺组织萎缩，影响下一个泌乳期的产奶量。奶牛干奶前应将乳房炎治愈才能进行，干奶方法主要有逐渐干奶法、快速干奶法及骤然干奶法。

逐渐干奶法：在预定干奶的前 10 d，打乱奶牛原有的饲喂及泌乳规律，逐渐减少精料，停喂青绿饲料，多喂干草，控制饮水，改变挤奶时间，停止用热水擦洗和乳房按摩；减少挤奶次数，逐渐由每天 3 次挤奶改为每天 2 次，每天 2 次改为每天 1 次，每天 1 次再改为隔天 1 次，待日产奶量低于 5 kg 时即可干奶，最后一次挤奶时将奶挤净后在 4 个乳头内注入预防乳房炎的抗生素即可干奶。

快速干奶法：原理及采取的方法与逐渐干奶法相似，只是所需时间缩短到 4～7 d，当母牛日产奶量低于 10 kg 时即可干奶。

骤然干奶法：无须任何过渡和准备，在奶牛干奶日挤干最后一次奶后，向奶牛乳房内注入预防干奶期乳房炎的药物（抗生素类），再向 4 个乳头中注入金霉素以封闭乳头管，然后对乳头表面进行消毒处理，最后可用木棉胶涂抹乳头孔及周围以封闭乳头孔，防止感染。此法干奶时间最短，省时省力，对胎儿和母牛影响最小，但母牛乳房承受压力较大。

61. 干奶期奶牛如何饲养？

加强干奶期管理，有助于母牛在较短的时间内安全停止产奶，对体况达不到中上等膘情的母牛要适当增重，贮备一定的营养物质供其产犊后产奶之用；让母牛乳房得到充分的休息和恢复，为产后大量泌乳做好准备；可使胎儿得到充分发育，正常分娩；可使母牛保持较好的食欲和消化能力，为产犊后大量采食做准备。

干奶初期的饲养原则为在满足奶牛营养需要的前提下，尽量不用或少用青绿多汁饲料及酒糟类饲料，以粗饲料为主，搭配少量精料，使母牛尽早停止泌乳，乳房恢复正常。日粮组成为干草 6~8 kg，青贮饲料 12~15 kg，精料 2.53 kg。

干奶后期的饲养是完成干奶期饲养的主要阶段，体况保持中上等的膘情，体况较差的母牛应尽量使其在分娩前达到中上等膘情。日粮组成为干草 4~6 kg，青贮饲料 18~20 kg，糟类 3~4 kg，精料3~4 kg，青绿饲料 8~10 kg，精料喂量视牛体况而定，体瘦者多喂一些，体况好者少喂一些。

62. 奶牛干奶期如何管理？

干奶期处于母牛妊娠的后期，重点要做好保胎、预防干奶期乳房炎及保证奶牛良好的体况等工作。在管理上应做好以下工作：

及时分群饲养：牛干奶时应转入干奶牛群饲养，控制干奶牛的营养水平，防止过肥。

注意观察乳房的变化：在刚干奶的一周内要每天观察乳房 2~3 次，无异常状况不触动乳房，如发现异常情况，应及时处置，10 d 以后乳房开始收缩松软，每天可观察 1 次；牛分娩前，乳房开始增大膨胀，要注意观察，防止发生乳房炎。

加强户外运动：有条件的可采用散放饲养，增加户外运动，防止肢蹄病和难产的发生，也可促进维生素 D 的合成，防止产后瘫痪。禁止对孕牛进行驱赶，防止早产。

做好保胎工作：供给优质均衡的新鲜饲料，禁止喂给冰冻、腐败霉烂变质的草料，防止拥挤、滑倒等，禁止暴力驱赶，以避免胎儿早产。

加强刷拭：加强刷拭以保持牛体皮肤的卫生，促进血液循环，使牛变得更加温顺，易管理。

卫生及消毒：加强牛舍及运动场的环境卫生及消毒，有利于防止乳房炎及降低疾病感染的概率。

63. 母牛临产如何判定？

乳房变化：母牛产前 15 d 左右乳房开始明显增大，当能挤出乳白色的初乳时，母牛可能在 1~2 d 内分娩。

母牛阴门分泌物的变化：怀孕后期临近分娩的母牛阴唇会明显肿胀，阴门内流出透明的黏性分泌物，母牛在 1~2 d 内将分娩。

母牛骨盆韧带充分软化：母牛臀部尾根两侧肌肉明显塌陷，这是临产的主要症状。

母牛出现宫缩现象：临产前母牛子宫肌肉开始扩张，然后出现努责现象，卧立不安，频频排尿，不时回头，即母牛将要分娩。

观察到以上临产症状后，应立即做好接产准备，有条件的应将母牛放于通风良好、温度适宜的产房，铺上干净柔软而干燥的垫草。

64. 母牛分娩如何护理？

加强母牛产后监护，通常母牛产后 4~8 h 胎衣会自行脱落，如 12 h 以后胎衣仍然没有脱落或脱落不完全，应及时进行处置。胎衣脱落后，立即清洗母牛外阴部并消毒。若产后几天内未见暗红色液态恶露，应及时处理，以防发生子宫炎或败血症等疾病。

要注意保持产房内干燥卫生，通风良好，及时更换垫草，夏季要注意防暑降温，产后母牛热应激反应更强烈，禁止使用凉水冲洗牛体。

母牛分娩后 30 min 左右，让母牛站立一段时间，防止其产后子宫脱出。

母牛分娩后要立即喂给温热、足量的淡盐水，以补充水分，促进母牛体力恢复和胎衣排出，并让其自由采食优质的干草，或饲喂糖酒水（红糖 1 kg、白酒 0.5 kg、温水 10~15 kg），促进恶露的排出。

产后 30 min 后，应挤出初乳饲喂犊牛，挤奶前应用 0.1%~0.2%的高锰酸钾清洗和消毒乳房，然后挤出并弃去每个乳头最初的少部分牛奶，再挤出 1.5~2 kg 初乳喂犊牛。

母牛产后最初几天，禁止将乳房内的奶全部挤干净，以免引起高产奶牛的产后瘫痪，通常第一天一次仅挤出 1.5~2 kg 够喂犊牛即可，从第二次挤奶起逐渐增加挤出的奶量，到第二天一次可挤出 1/2 的奶量，第三天一次挤奶时可挤出 2/3 的奶量，第四天时可将奶全部挤尽，产后 7 d 内，每次只能用手工挤奶，并加强热敷及按摩促进乳房水肿的尽快消散。

母牛产后 1~3 d 内表现食欲不振，消化机能降低，因此要精心配制饲料，饲喂优质青干草，精料可调制成粥状，以提高其适口性，但要合理控制精料的饲喂量；产后 1~5 d 要给予充足温热的饮水，温度为 37~40 ℃，以后逐渐降至常温；产后 4 d 以后，随着母牛食欲及消化机能的恢复，每天可增加 0.4~0.5 kg 的精料，适当增加青贮料及青绿多汁的饲料，以尽量满足产奶后所需的营养。

65. 奶牛泌乳期需要注意哪些事项？

（1）泌乳旺盛期：对泌乳旺盛期的奶牛挤奶次数应不低于每天 3 次，每次挤奶前后对乳头进行药浴，实行先挤奶后饲喂，可有效减少乳房炎的发病率。

母牛在产犊 56 d 后正常发情，子宫已恢复正常，应及时配种，对产后 3 个月仍没有发情的母牛，要及时进行检查和治疗。

保持奶牛生活环境卫生干燥，夏季注意防暑降温和防蚊蝇，加强奶牛运动，有条件的可以采取散放饲养。

饲料要少加勤添，适当延长饲喂时间，每天食槽的空闲不应超过 3 h，促进奶牛多采食，以满足奶牛产奶高峰期对饲料的要求。

时刻观察奶牛的消化情况，因其精料采食较多，注意对瘤胃酸中毒、瘤胃弛缓、酮病、乳房炎等病的防治。

注意奶牛子宫的恢复情况，如发现炎症，应及时治疗，以免影响后期的发情、配种和受胎。

（2）泌乳中期：奶牛产后的 101~200 d 称为奶牛的泌乳中期，又称泌乳平稳期。该阶段的母牛产奶量开始逐渐下降，但采食量仍有上升，是奶牛体况逐渐恢复的关键时期，而此时也处于妊娠的早期，产奶量依然较高。因此，本阶段应保持和增加奶牛采食量，减缓产奶量的下降速度，促进奶牛体况的恢复与提升。同时，加强日常管理，注意保胎，防止流产。

维持奶牛泌乳旺盛期的干物质采食量，适当降低日粮中的精料量，增加青粗饲料量，使产奶量的下降速度降至最低。如饲料营养下降过快，会造成产奶量迅速下降而引发一系列疾病。日粮干物质中，精粗比例应逐渐降至 45∶55 或以下，可促进母牛体质的恢复，又可降低饲料成本。

对体瘦的奶牛，应增加日粮营养浓度和精料喂量，对体肥的奶牛，则应减少精料用量和降低日粮营养浓度，使奶牛保持较为理想的体况。

如奶牛每月产奶量下降幅度达到或超过 10%，应及时查找原因，并采取相应的措施。

（3）泌乳后期：泌乳后期是指奶牛产后 201 d 至干奶的这段时间。该阶段奶牛产奶量大幅度下降，头胎牛每月约下降 6%，经产母牛每月降幅达 10%以上。该时期奶牛体况恢复较快，也是母体中胎儿生长发育加快的时期。因此，泌乳后期是奶牛增重和恢复体况的最佳时期，应尽量延缓产奶量下降的速度，保证胎儿正常发育，将奶牛体况提高到中上等膘情，按时进行干奶。

以青粗饲料为主，对达到中上等体况的奶牛，可适当减少精料用量，保持良好的体况；对体况达不到中上等的奶牛，应继续按泌乳中期水平饲喂，以促进奶牛体况在本阶段达到相应标准。

除考虑泌乳的营养需要外，还要考虑妊娠的营养需求，对头胎牛还要增加其自身生长的营养需求，奶牛每天增重约 0. 65 kg，要合理配制日粮，以便使奶牛在干奶期达到中上等的理想体况。

在奶牛精料配方中，少用或不用豆粕等高价原料，减少优质青干草的用量，以普通青干草代替。总之，在能满足泌乳后期奶牛所需营养的前提下，可尽量降低饲养成本。

在干奶前再进行一次直肠孕检，确定无误后，在预定停奶日进行干奶。

66. 肉牛舍饲育肥如何管理？

（1）科学防控，定期投药。

加强生物安全管理，在牛转入牛舍之前，要对牛舍进行消毒，牛转入后要隔离适应观察 30 d 以上，并科学制定疫苗免疫程序，定期接种口蹄疫、牛腹泻病毒等疫苗，提高对相关疫病的抵抗力。

定期进行驱虫，犊牛断奶后进行一次，10~12 个月后再进行一次。驱虫时可采用左旋咪唑或者阿维菌素等药物。育肥牛采用阿维菌素按 0. 2 g/100 kg 用药，左旋咪唑按 0. 8 g /100 kg 用药，硫双二氯酚按 60 g/100 kg 用药。

（2）加强管理，保持卫生。

在育肥过程中，保持圈舍干净卫生，通风干燥，温度适宜（15~25 ℃），每日及时清理污物与粪便，定期对用具、地面等消毒，地面和墙壁采用 2%氢氧化钠溶液喷洒消毒，器具通常采用 1%新洁尔灭溶液或者 0. 1%高锰酸钾溶液消毒。

散养在围栏内，每头牛占地 4~5 m^2，日常保持牛适量运动，每日在牛采食结束后对牛体进行刷拭，以促进牛体血液循环，增进与饲养员的亲和度，便于后期保定治疗。

（3）合理分群，科学饲喂。

按牛的年龄、品种、体重进行合理分群，分群时间通常选择在临近夜晚时进行，以减少应激反应，分群当晚加强观察，及时处置格斗、疾病等突发情况。

断奶至周岁的育成牛，应采用较好的粗料与精料搭配饲喂。粗料可占日粮总营养价值的 50%~60%，混合精料占 40%~50%；到周岁时粗料逐渐增加到 70%~80%，精料降至 20%~30%；周岁以上育成牛至初配前，粗料可占日粮总营养的 85%~90%；配种后至预产期前 3~4 个月，可增加精料，并注意矿物质和维生素 A 的补充。强度育肥时，添加瘤胃素等添加剂产品，可达到促进消化，提高日增重的效果。饲料的饲喂顺序应是先粗后精，最后饮水，每日定时饲喂 2~3 次。

67. 肉牛育肥方式有哪些？

（1）持续育肥：持续育肥是指自繁自养的犊牛断奶后，转入育肥阶段进行育肥，一直到出栏。持续育肥可采用放牧育肥方式、半舍饲半放牧育肥方式，也可采用舍饲育肥方式。

①放牧育肥方式。放牧育肥是指从犊牛到出栏，完全采用草地放牧而不补饲。这种育肥方式适合于人口较少、土地充足、草地广阔、降水量充沛、牧草丰盛的牧区和半农半牧区。例如，澳大利亚肉牛育肥基本上以这种方式为主，通常自出生到饲养至 18 月龄，体重达 400 kg 便可出栏。

如果有较大面积的草山草坡可以种植牧草，在夏天青草期除供放牧外，还可保留一部分草地，收割调制青干草或青贮料作为越冬饲用。该育肥方法较为经济，但饲养周期长。

②半舍饲半放牧育肥方式。夏季青草期牛群采取放牧育肥，寒冷干旱的枯草期将牛群转入舍内圈养，这种半集约的育肥方式称为半舍饲半放牧育肥。

采用这种育肥方式，不但可利用草地放牧，节省投入，且犊牛断奶后可以低营养过冬，在第二年青草期放牧能获得较理想的补偿增长。此外，采用此种方式育肥，还可在屠宰前有 3~4 个月的舍饲育肥，从而达到最佳的育肥效果。

③舍饲育肥方式。这是从育肥开始到出栏，完全实行圈养的肉牛育肥方式。其优点是使用土地少，饲养周期短，牛肉质量好；缺点是投资大，育肥过程中需要较多的精料，育肥成本过高。采用此种育肥方式时，在保证饲料充足的条件下，自由采食时效果较好。

（2）快速育肥：快速育肥是指外购架子牛经过驱虫后，利用精饲料型的日粮（以精饲料为主搭配少量的秸秆、青干草或青贮饲料），进行 3 个月或 6 个月的短期强度育肥，达到出栏体重时，即出售屠宰。这种育肥方式消耗精饲料不多，成本较低，并可增加周转次数，比较经济。该育肥方式主要有以下几种。

①放牧加补饲育肥。此法简单易行，便于广大养牛户掌握使用，

适宜山区、半农半牧区和牧区采用。以本地资源为主，成本低，见效快。

②氨化秸秆舍饲育肥。体重 200 kg 的肉牛在简易牛棚内拴系饲养，日喂氨化玉米秸粉 14 kg，混合精饲料 2 kg，促生长添加剂和食盐各 33 g，每日单槽定时饲喂 2 次，并限制其过量运动，平均日增重可达 1 kg。以氨化秸秆为主要饲料，每日每头补饲 1.5~2 kg 精饲料，可使育肥肉牛达到一定的增重水平。

③青贮饲料舍饲育肥。青贮玉米是育肥肉牛的优质饲料，如同时补喂一些混合精饲料，可以达到较高的日增重。据试验表明：体重 375 kg 的荷斯坦杂种公牛，每日每头饲喂青贮玉米 12.5 kg，混合精饲料 6 kg（棉籽饼 25.7%、玉米面 43.9%、麸皮 29.2%、骨粉 1.2%），另喂食盐 30 g，在 104 d 的育肥期内，平均日增重 1.65 kg。

④微贮秸秆舍饲育肥。秸秆微贮是指在适宜的温度、湿度和厌氧条件下，利用微生物活菌发酵秸秆，从而改善秸秆的适口性和饲喂价值。牛采食微贮秸秆的速度比采食其他秸秆的速度提高 30%~45%，采食量增加 20%~30%；若每天再补饲精饲料 2.5 kg，肉牛的平均日增重可达 1.32 kg。

⑤糟渣类农副产品育肥。白酒糟 15~20 kg、玉米面 2.5 kg、豆饼 1 kg、骨粉 50 g、食盐 50 g、玉米秸 2.5 kg，中午以饲草为主，添加少量精饲料，早晚以酒糟、精饲料为主，育肥肉牛平均日增重可达 1.3~1.65 kg。用豆腐渣喂牛也能取得良好的效果，每日每头牛饲喂豆腐渣 20 kg、玉米面 0.5 kg、食盐 30 g、谷草 5 kg，平均日增重可达 1 kg。

⑥高能量日粮强度育肥。对体重 300 kg 的架子牛，可采用高能量（每千克含 10.88 MJ 以上的代谢能）混合料或精饲料型（精饲料占比 70%）日粮进行强度育肥，以达到快速增重、提早出栏的目的。在由粗饲料型日粮向精饲料型日粮转变时，要有 15~20 d 的过渡期。在最初的 1~20 d，日粮粗饲料比例为 45%，粗蛋白质 12%左右，每头日采食干物质 7.6 kg；21~60 d，日粮中粗饲料比例为 25%，粗蛋白质 10%，每头日采食干物质 8.5 kg；61~150 d，日粮中粗饲料比

例为 20%～15%，粗蛋白质 10%，每头日采食干物质 10.2 kg。

过渡期要实行一日多餐，防止育肥牛臌胀及腹泻等疾病的发生。经常观察牛的反刍情况，发现异常及时治疗，保证饮水充足。在架子牛催肥期内，应避免日粮精粗各半的组合（即精、粗饲料各占50%），会造成精饲料消化率下降，饲养期延长，增加饲养成本。

68. 肉牛最佳育肥结束期如何判定？

科学判定肉牛最佳育肥结束期，不仅可以节约投入、降低成本，而且对提高牛肉的质量也有重要意义。育肥时间的长短和出栏体重的高低，不仅与总采食量和饲料利用率相关，还对牛肉的嫩度、多汁性、肌纤维粗细、大理石花纹丰富程度及牛肉中脂肪含量等有重要的影响。

（1）根据采食量：牛对饲料的采食量与其体重有关。绝对采食量随着育肥期的延长而增加，当出现采食量下降时，说明育肥牛即将到达育肥结束期。如果采食量下降为正常采食量的 1/3 时，应该结束育肥，或按活体重计算，即日采食量（干物质）下降至活体重的1%～1.5%或更少时，应结束育肥。

（2）根据育肥指数：即利用活牛体重（kg）和体高（cm）的比例关系来判断。据研究报道，阉牛的育肥指数以 526 为最佳，公牛的育肥指数以 475 为最佳。育肥指数计算公式如下：育肥指数＝体重/体高×100。

（3）根据体型外貌：主要根据牛的髆部、胸垂部、肋腹部、腰部、坐骨端、下肷部和阴囊等部位的脂肪沉积度。当皮下、胸垂部的脂肪量较多，肋腹部、坐骨端、腰角部沉积的脂肪较厚实时，说明已达到育肥最佳结束期。

（4）根据牛肉市场：如果牛的育肥已有一段较长的时间，或接近预定的育肥结束期，而又赶上节假日牛肉需求量增加，价格较高，可果断地结束育肥，以获取较好的经济效益。

69. 高档牛肉如何生产?

高档牛肉通常色泽与新鲜度好，脂肪含量高，大理石花纹明显，嫩度好，食用价值高，其肌肉纤维细嫩，肌间含有一定量的脂肪，不油腻，不干燥，鲜嫩可口。高档肉牛饲养时应注意以下几点。

（1）品种选择：生产高档（雪花）牛肉应选择国外优良的肉牛品种如利木赞牛、皮埃蒙特牛或西门塔尔牛等，或它们与我国优良地方品种如平凉红牛、秦川牛、晋南牛、鲁西牛、南阳牛和延边牛的杂交牛，由于其生产性能好，易于达到育肥标准。

（2）性别选择：性别对于肉牛的生产性能及牛肉品质影响较大，阉牛通常最适于生产高档优质牛肉，其胴体等级高于公牛，生长速度比母牛快。因此，在生产高档牛肉时，应对育肥牛去势，去势通常在牛 3~4 月龄以内实施。

（3）年龄选择：生产高档（雪花）牛肉的肉牛，选择 6~8 月龄开始育肥最适宜。

（4）外形特征：肉牛皮肤要薄而有弹力，被毛要细而有光泽；颈短而粗且和躯体自然连接；胸要宽，肋骨间距要宽。从牛体前看，前肢距离大表示胸部发达，腹的容积大，形状要圆，不应该下垂或收缩；头要短而宽，不宜过大；背和腰要宽阔而平坦；鼻镜湿润带有水滴。

（5）牛舍环境：

①温度对牛机体的影响较大，主要影响牛体健康及其生产力，温度过高，肉牛增重缓慢，温度过低，增加饲料消耗。

②在适宜的温度环境中，湿度对牛体调节没有影响；但是在高温或低温环境中，湿度的高低对牛体的热调节产生作用。

③在夏季，可通过开窗通风换气，降温防暑；在冬季，由于过于注重保温，牛舍通风不良，舍内氨气、硫化氢、二氧化碳等有害气体大量蓄积，易导致呼吸道等疾病的发生，应注意适当的通风换气。

（6）饲养管理：

①适应期：4~6 月龄犊牛，体重通常在 130 kg 左右，新进育肥架子牛入场后首先要进行编号、称重，并做好记录，隔离观察饲养 30 d，经检查确定健康合格后，方可实施育肥。对健康无病的育肥架子公牛要进行去势。

对长距离、长时间运输的牛，第 1 次饮水量限制为 15~20 L，切忌暴饮；第 2 次饮水应在第 1 次饮水后 3~4 h；第 3 次可采取自由饮水。

饮水充足后，便可饲喂优质干草，第 1 次饲喂限量，每头牛 4~5 kg，2~3 d 后逐渐增加饲喂量，5~6 d 以后才能让其充分采食。牛入栏后要立即进行驱虫，应在牛空腹时进行，驱虫后应隔离饲养 2 周，并将其粪便消毒进行无害化处理。

②育成期：分为育成初期和育成后期，该阶段牛骨骼、内脏、肌肉等生长发育迅速。育成初期通常为 7~12 月龄，在该阶段以饲喂粗饲料为主，精饲料饲喂量限制在 2.4~3.5 kg，日增重控制在 0.7 kg左右。育成后期通常为 13~16 月龄，该阶段要合理搭配精、粗饲料的比例，条件允许的情况下可饲喂育成后期 TMR 饲料，增加干物质采食量，促进瘤胃、骨骼的发育。

③育肥期：育肥期可分为育肥前期和育肥后期。

育肥前期通常为 17~21 月龄，机体肌肉、脂肪及日增重均达到最高的状态。该时期可饲喂育肥前期 TMR 饲料，增加干物质采食量，日增重可提高到 1 kg 以上。重点在于增加眼肌面积，为提高产肉性能打下良好的基础。在育肥前期快结束时，应注意防范因粗饲料采食量的减少和精饲料采食量的增加而发生尿石症等代谢性疾病。

育肥后期通常为 22~27 月龄，该阶段是沉积脂肪的时期，该时期以饲喂精饲料为主，改善饲料适口性，增加采食量，促使肌肉周围的脂肪均匀地渗透到肌肉，形成雪花牛肉，同时提高牛肉中的谷氨酸和油酸等含量。为改善牛肉品质，通过科学配合饲料把挥发性脂肪酸乙酸、丙酸、丁酸的组成控制在 6 : 3 : 1 的比例。保持饲槽干净卫生，注意勤换垫草，改善环境，减少应激反应的发生，同时要注意代谢性疾病的发生。

第五章　牛场防疫消毒管理

70. 牛场常用消毒药有哪些？

消毒是指利用物理、化学或生物学方法清除或杀灭外界环境中的病原微生物及其他有害微生物，进而达到无害的过程。消毒剂指能杀灭病原微生物和有害微生物药物的总称。牛场可根据实际情况合理选择消毒剂并制定科学的消毒程序。

目前化学消毒剂主要有以下几大类：卤素类、醛类、氧化剂类、表面活性剂类、酸碱类等。作用机制是使微生物失去外在生存环境或内外结构发生改变，使其主要代谢机能出现障碍，生长发育受阻，从而丧失活性，失去致病力。

按照杀灭微生物能力的大小可将消毒剂分为高效、中效、低效消毒剂 3 类。高水平消毒剂是指能杀灭一切细菌繁殖体（包括分枝杆菌）、病毒、真菌及其孢子等，对细菌芽孢也有一定杀灭作用的消毒剂；中水平消毒剂是指能杀灭分枝杆菌、真菌、病毒及细菌繁殖体等微生物的消毒剂；低水平消毒剂是指仅能杀灭细菌繁殖体和亲脂病毒的消毒剂。

序号	类别	产品	作用原理	优劣势	应用范围
1	氯化物	次氯酸、二氯异氰尿酸钠等	通过氧化、氯化作用致使病原菌蛋白质、酶变性或结构改变，改变其活性或/和增加病原菌细胞壁、细胞膜的通透性，干扰细菌正常代谢而使其死亡	属高效消毒剂，杀菌谱广、价格低廉、作用迅速，但含氯消毒剂易受有机物影响，有刺激性，对物品有漂白和腐蚀作用，稳定性差	主要用于饮用水、畜禽场外环境、运输车辆、疫源地等消毒

续表

序号	类别	产品	作用原理	优劣势	应用范围
2	碘制剂消毒剂	聚维酮碘	碘化和氧化菌体蛋白的活性基团，并与蛋白的氨基结合而导致蛋白变性和抑制菌体的代谢酶系统，起到杀菌作用	属中效消毒剂，对细菌、芽孢、病毒和真菌均有良好的杀灭作用。杀菌效力受环境 pH 值影响，过多的有机物可使杀菌效力减弱或完全消失	常用于手术部位、皮肤和黏膜消毒，带体消毒
3	过氧化物类消毒剂	过氧乙酸	通过氧化还原反应损伤、抑制细菌代谢或加速细菌代谢而起到杀菌作用	低温环境下仍有很好的杀菌效果，不残余毒性。化学性质不稳定，应现配现用，因其具有强氧化性，高浓度时可刺激、损害皮肤黏膜、腐蚀物品，长期使用对人和动物眼睛、呼吸道黏膜、环境有强力的破坏	多用于环境消毒，如畜禽栏舍、饲槽、用具、车辆、地面及墙壁的消毒
4	醇类	乙醇（酒精）	使微生物蛋白质变性、酶失活，从而干扰微生物代谢，致使其死亡	渗透力较强，能迅速杀灭各种细菌繁殖体、结核分枝杆菌和囊膜病毒，对无囊膜病毒和真菌孢子的杀灭效果较差，不能杀灭芽孢	主要用于手和皮肤的消毒，也可用于温度计、血压计等医疗器具、精密仪器的表面消毒，不宜用于空气及医疗器械的浸泡消毒，亦不宜用于血、粪便及污物的消毒

续表

序号	类别	产品	作用原理	优劣势	应用范围
5	醛类	戊二醛	作用于微生物蛋白质中的氨基、羧基、羟基和巯基，从而破坏蛋白质分子，使微生物死亡	属高效消毒剂，对所有微生物都有杀灭作用；对动物皮肤、黏膜有较强的刺激和固化作用	常用于器械、器具、畜禽舍的浸泡、喷洒消毒及畜禽舍的表面熏蒸消毒
6	季铵盐类（表面活性剂类）	癸甲溴铵	改变细胞膜的通透性，溶解损伤细胞，使菌体破裂，使细胞内容物外流；使蛋白质变性后沉淀：破坏酶系统，特别是脱氢酶类和氧化酶类，干扰微生物的代谢	杀菌浓度低、毒性与刺激性低、溶液无色、无腐蚀性、气味小、水溶性好、表面活性强、使用方便、性质稳定、耐光、耐热、耐贮存。属低效消毒剂，对无囊膜病毒效果不好，易被各种表面有机物所吸附而降低消毒效果，杀菌效力易受有机物影响	可用于畜舍、环境、器械、种蛋和手的消毒，还可用于饮水消毒，应用范围较广

71. 常用疫苗种类有哪些？

兽用疫苗是指以天然的或人工改造的微生物（细菌、病毒、支原体）、寄生虫及其组分（蛋白质或核酸）或产物（毒素）、模拟抗原等为原材料，采用生物学、分子生物学或生物化学、生物工程、基因工程等相关技术制成的，用于预防动物疫病或有目的地调节动物生理机能的一类兽用生物制品。目前兽医临床常见疫苗种类有：灭活疫苗、活疫苗、抗原抗体复合物疫苗、亚单位疫苗、基因工程疫苗等。

72. 常用注射给药方式都有哪些?

常用注射给药方式有肌内注射、皮下注射、皮内注射、静脉注射、胸腔注射、腹腔注射、直肠灌注、乳房注射等。保定牛时动作要轻柔，对注射部位及注射用具进行严格的消毒，注射前应尽量排出注射器内的空气，动作要缓慢轻柔，禁止粗放操作，避免造成感染或组织二次损伤。

73. 常用口服给药方式都有哪些?

拌药法：将各种粉剂药物或颗粒药物与饲料混合在一起，搅拌均匀，让牛自行采食。这种方法适合给牛饲喂营养及预防产品，如中药提取物、维生素、矿物元素等。

灌服法：将药品溶解于水中，然后装入胶皮瓶或投药管中，从牛的口角处伸入咽部，使其缓慢倾入。此法适用于液体药物或口服悬浮液等药物。

饮水给药：将药物充分溶解于水中，供牛饮用。这种方法适用于溶水性较好的中药提取物、复合多维，以补充维生素、微量元素等物质。

74. 肉牛禁用的药物都有哪些?

《食品动物中禁止使用的药品及其他化合物清单》农业农村部公告第250号中明确规定，包括β-兴奋剂类及其盐、酯，酒石酸锑钾，汞制剂［氯化亚汞（甘汞）、醋酸汞、硝酸亚汞、吡啶基醋酸汞］，毒杀芬（氯化烯），卡巴氧及其盐、酯，呋喃丹（克百威），氯霉素及其盐、酯，杀虫脒（克死螨），氨苯砜，硝基呋喃类（呋喃西林、呋喃妥因、呋喃它酮、呋喃唑酮、呋喃苯烯酸钠），林丹，孔雀石绿，类固醇激素［醋酸美仑孕酮、甲基睾丸酮、群勃龙（去甲雄三烯醇酮）、玉米赤霉醇］，安眠酮，硝呋烯腙，五氯酚酸钠，硝基咪唑类（洛硝达唑、替硝唑），硝基酚钠，己二烯雌酚、己烯雌酚、己烷雌酚及其盐、酯，锥虫砷胺，万古霉素及其盐、酯。

75. 瘤胃兴奋药物常用的有哪些?

瘤胃兴奋药又称反刍兴奋药、促进反刍药，是指能促使瘤胃平滑肌收缩，增强瘤胃运动，提升反刍机能的一类药物。临床常用的有氨甲酰胆碱、新斯的明、浓氯化钠溶液等，主要用于治疗牛羊瘤胃积食与臌气，也用于提升牛羊饲料消化与吸收率，进而提升经济效益。

10%氯化钠溶液：10%氯化钠溶液可暂时地抑制胆碱酯酶的活性，使胆碱能神经兴奋性提升，胃肠的蠕动和分泌功能增强。本品为高渗溶液，静脉注射能增高血液的渗透压，促使组织中的水分进入血液，提升组织的新陈代谢，增加血容量，促进血液循环，改善器官机能，特别是对机能异常的器官效果尤为明显。常用于治疗前胃弛缓、瘤胃积食及马骡的便秘疝等。本品作用缓和，疗效良好。

拟胆碱药物：氨甲酰胆碱、毛果芸香碱、新斯的明等拟胆碱药物，小剂量使用兴奋胃肠，常用于牛羊前胃弛缓、瘤胃积食、反刍减弱等病症。氨甲酰胆碱对心血管系统具有较强的抑制作用，通常临床采用小剂量、多次给药的方式，效果显著，但并不是首选药物，毛果芸香碱对腺体分泌作用较强，通常在输液使用时最安全。新斯的明因其副作用较小，选择作用强，对胃肠平滑肌兴奋作用较强，是临床应用较多的首选药物。

76. 牛生理参数常用的有哪些?

临床常用的参数有体温、呼吸频率、脉搏及反刍频率等。

体温：牛的正常体温范围为37.5~39.5 ℃（犊牛38.5~40.5 ℃）。

呼吸：牛的正常呼吸频率为10~25次/min。

脉搏：牛的正常脉搏频率为40~80次/min。

成年牛每天反刍的次数为6~10次，每次持续40~50 min，平均每天用在反刍上的时间为6~8 h。犊牛在出生后21 d会出现反刍现象，每天反刍次数约为16次。

77. 如何实施群体检查?

饲养牛数量较多时，逐一检查耗力耗时，因此采取群体检查方式，先从牛群中挑出病牛和疑似病牛，然后再对其进行个体检查。通常通过牛群的运动、休息和饮食三种状态进行临床检查，从牛群中挑出病牛。

运动检查是指在牛群的自然活动和人为驱赶时，挑出精神状态、步态、口鼻及躯体外观等异常的牛。

休息检查是指在保持牛群安静的情况下，通过看和听，挑出姿态、反刍和声音、口鼻及躯体外观异常的牛。

饮食检查是指在牛自然采食、饮水时，挑出采食、饮水异常的牛。

78. 个体检查常用方法有哪些?

最常用的方法有问诊、视诊（望诊）、嗅诊、切诊（触诊、叩诊）、听诊，综合分析，对疾病做出初步诊断。

问诊：通过询问畜主或饲养员，了解牛发病的情况，包括发病时间、头数、发病前后的表现、病史、治疗情况、免疫情况、饲养管理及牛的年龄等情况，以便进行分析。

视诊（望诊）：主要观察病牛的膘情、姿势、步态、呼吸及牛的被毛、皮肤、黏膜、粪尿等表征变化。

嗅诊：嗅闻牛的分泌物、排泄物、呼出气体及口腔气味等。

触诊：用手感触被检查部位的温度变化，并用力按压，以便确定被检查的器官组织是否正常，并观察病牛的反应状态。

叩诊：叩诊区域通常在胸腔及瘤胃处，主要有清音、浊音、半浊音、鼓音等。

听诊：听诊通常在清静的地方进行操作，通常听诊心脏、肺脏、腹部等区域的声音是否异常。

79. 体温异常如何识别？

体温是诊断疾病的重要参考指数，以发热最为常见。成年牛的正常体温为 37.5～39.5 ℃，犊牛为 38.5～40.5 ℃，剧烈运动或经暴晒时，须休息半小时后再进行测温。

微热：体温升高 0.5～1 ℃称为微热。

中热：体温升高 1～2 ℃称为中热。

高热：体温升高 2～3 ℃称为高热。

过高热：体温升高 3 ℃以上称为过高热。

稽留热：体温恒定地维持在 39～40 ℃，持续数天或数周，24 h 内体温波动范围不超过 1 ℃，多见于纤维素性肺炎。

弛张热：体温常在 39 ℃以上，波动幅度大，24 h 内波动范围超过 2 ℃，体温最低时仍高于正常，多见于支气管肺炎、败血症等。

间歇热：体温骤升至高峰，持续数小时，然后迅速降至正常水平，无热期可持续一至数天。这种高热期与无热期的交替出现是间歇热的典型表现，多见于血孢子虫病、锥虫病。

无规律发热：体温变化无规律，时高时低，呈弛张型或间歇型，发热持续时间较长，热程较长，多见于渗出性肺炎等。

体温过低：体温在常温以下，多见于产后瘫痪、休克、虚脱、极度衰弱和濒死期等。

80. 病死牛无害化处理方式有哪些？

病死牛无害化处理中应用较为广泛的方式包括深埋法、焚烧法、堆肥法、化尸池处理法、化制法、生物降解法等。

81. 蝇、蚊、蜱等节肢动物如何防控？

蝇、蚊、蜱等节肢动物是多种病原体的主要宿主，是多数传染病与寄生虫病的传播媒介，因此，消灭或减少媒介昆虫，对预防传染病和寄生虫病有着重要的意义。

首先清理牛舍周围的垃圾和杂草堆等杂物，填平场区内的死水坑，用喷灯火焰喷烧墙壁、用具等昆虫居住的缝隙，或用火焰焚烧昆虫聚居的垃圾，也可用烘烤箱将水槽或用具进行消毒，以达到杀灭虫卵，减少昆虫来源的目的。

采用倍硫磷、溴氰菊酯等杀虫剂每月 2 次对牛舍内外及蚊蝇易滋生的场所进行喷洒，但切记不可对饲料仓库、鱼塘等使用。同时在 4~9 月蜱活动季节，定期对牛进行药浴，可有效杀死牛体表寄生的蜱。

82. 消灭鼠类的方法有哪些?

鼠类是炭疽、布鲁菌病、结核病等多种人兽共患病的传播媒介和传染源，也可传播李氏杆菌病、巴氏杆菌病、口蹄疫等多种传染病，因此灭鼠管理对于预防牛病具有十分重要的意义。

灭鼠管理工作可从以下两个方面进行。一是提升硬件防鼠设施。根据鼠类生态学特点，采用混凝土制作墙面、地面，发现洞穴及时封堵，圈舍及料房用钢门密封，防止鼠类进入。日常应保持圈舍及场区周围干净整洁，及时清除饲料残渣。二是使用捕鼠夹、灭鼠药等方法直接杀灭鼠类。常用灭鼠药物有敌鼠钠盐、安妥类药物等。敌鼠钠盐是一种抗凝血性药物，鼠类采食后可致使其内脏、皮下等处出血而亡，对人畜毒性低，比较安全，常用于住房、圈舍、仓库灭鼠，使用时应慎防发生人畜中毒，如发生中毒事件，可用维生素 K 注射液解救。

第六章　常见病毒性疾病

83. 什么是牛口蹄疫？

牛口蹄疫是由口蹄疫病毒引起的急性、热性、高度接触性传染病，主要特征是在口腔、蹄部及乳房等部位会出现水疱和溃疡。

我国流行的口蹄疫病毒主要有 A、O、C 3 种类型，每个血清型又包含多个亚型，各型之间不能交叉免疫。口蹄疫病毒对日光、热、酸、碱都比较敏感，常用的消毒剂如 2%的氢氧化钠溶液、0.2%～0.5%的过氧乙酸、4%的碳酸氢钠溶液等均可有效杀灭病毒。在低温条件下，病毒可以长期存活，但在高温环境或阳光照射下，病毒很快被杀灭。

84. 牛口蹄疫流行特点是什么？

牛、羊、骆驼、鹿等偶蹄类动物对口蹄疫病毒易感，其中牛最易感染。病牛、潜伏期牛和带毒牛是口蹄疫的主要传染源，病毒存在于它们的乳、尿、粪、唾液、精液和皮肉等分泌物和排泄物中，主要通过直接接触和间接接触传播，直接接触包括动物间的相互舔舐、接触患病动物或其污染物，间接接触包括共用器具、人员流动等。

本病潜伏期 1～7 d，多发生于冬、春季节，发病率很高，死亡率通常较低，但对于犊牛，由于其免疫系统尚未完全发育，死亡率较高。

85. 牛口蹄疫诊断要点有哪些？

病牛体温升高至 40～41 ℃，精神不振，食欲减退；口腔黏膜、舌面、齿龈等部位会出现大小不等的水疱和边缘整齐的溃疡面，水疱破裂后会形成红色烂斑；流涎，口角挂满白色泡沫；蹄部出现水疱，多发生于蹄冠和蹄叉间沟的柔软部皮肤上。水疱破裂后形成红色糜烂，病牛会感到疼痛，导致跛行甚至蹄匣脱落；乳房和乳头皮肤上也可能发生水疱和溃烂，挤乳时疼痛，挤出的乳汁可能带血，严重时导致奶量下降或停乳。

病情严重时表现为心肌麻痹而突然死亡，病死率高达25%~50%。病牛在死亡前会出现心跳加快、节律不齐、呼吸急促等症状。

86. 牛口蹄疫如何防治？

定期接种口蹄疫疫苗是预防本病的最重要措施，平时加强生物安全管理，定期对场区进行清洗消毒等；新购进的牛要隔离观察30 d，隔离期间进行相关疫病检测，确认无病后方可合群饲养。

治疗措施：发病时按“早、快、严、小”的原则立即上报，封锁疫区，尽快扑灭疫情，病牛应及时隔离，并按相关规定立即上报兽医主管部门，对尸体和污染物作无害化处理，防止疫情扩散；发病数量较少时，应就地扑杀病牛。对疑似病牛隔离观察，确认无病后方可合群饲养；对受威胁区或假定健康牛立即进行紧急接种。

轻症宜局部外科处理，重症用抗血清中和毒素和强心补液。可用0.1%~0.2%高锰酸钾溶液、0.2%福尔马林、2%~3%明矾或2%~3%醋酸或食醋洗涤口腔，然后涂上碘甘油或冰硼散；蹄部病变可用3%来苏尔清洗，涂上抗菌软膏后用绷带包扎；乳房病变用肥皂水或2%~3%硼酸水清洗，然后涂以青霉素软膏。

87. 什么是牛蓝舌病？

牛蓝舌病是由蓝舌病病毒引起的传染病，也称为牛伪口蹄疫，主要侵害牛，但绵羊也易感，通常呈隐性感染，表现为高热、黏膜水肿、溃疡和糜烂等，严重时可导致母牛流产、胎儿畸形、出生体重过轻、产奶量和生育率降低、体重减轻、过早淘汰，从而造成严重的经济损失。

蓝舌病病毒属于呼肠孤病毒科环状病毒属，具有多个血清型，且各型之间交叉免疫性差。该病毒对乙醚、氯仿和去氧胆酸钠有耐受力，对胰酶敏感，可被过氧乙酸、3%氢氧化钠灭活。在pH值5.6~8.0之间稳定，但在pH值3.0以下被迅速灭活，60 ℃经30 min即可被杀死。

88. 牛蓝舌病流行特点是什么？

感染动物长期带毒和排毒是本病的传染源，主要通过库蠓和伊蚊等吸血昆虫叮咬进行传播，牛和山羊的易感性比绵羊低，野生反刍动物中鹿的易感性最高，马、犬、猪、猫不易感。病畜与健畜直接接触不传染，但胎儿在母畜子宫内可被直接感染，其发生和分布与库蠓的分布、习性和生活史有密切关系，多发生于5~10月，特别是在湿热的夏季和秋季，尤其是池塘、河流较多的低洼地区。

89. 牛蓝舌病诊断要点有哪些？

病牛体温升高至40.5~41.5 ℃，稽留热5~6 d；口腔、鼻腔和胃肠道黏膜发生溃疡性炎症病变。舌、齿龈、颊部黏膜充血肿胀，后变为蓝紫色，形成溃疡并出血，散发恶臭味；蹄冠红肿、微热、敏感，后蹄冠和蹄叶发炎，跛行，严重时蹄匣脱落，卧地不起，最终因衰竭死亡。部分病牛表现厌食、流涎、流泪、精神委顿、消瘦、脱水、血液浓缩等症状。妊娠母牛患病后可发生流产、死胎或胎儿畸形等。

90. 牛蓝舌病如何防治？

定期接种蓝舌病二价疫苗和多价疫苗是预防本病的最重要措施，保持场区干净卫生，采取有效的防鼠防鸟措施，加强夏季灭蚊蝇等虫媒的措施，及时清理场区积水，禁止从该病发病区引进牛，对牛进行分娩、人工授精、打针等操作时，应确保器械完全消毒，降低交叉感染的风险。

发现病牛及时隔离，并按相关规定立即上报兽医主管部门，对尸体和污染物作无害化处理，对被污染的牛舍、用具进行彻底的清洗与消毒，防止疫情扩散。对疑似病牛隔离观察，对受威胁区或假定健康牛立即进行紧急接种。

本病治疗无特效药，可试用抗菌、收敛、消炎、防止继发感染，如硫酸庆大小诺霉素注射液80万~120万IU，一次肌内注射，每日2次，连用5 d；溃疡部可以采用3%过氧化氢溶液200 mL、金霉素软膏20 mL，冲洗，涂布。出现腹泻时参照胃肠炎用药，重症辅以强心、补液。

91. 什么是牛瘟病？

牛瘟病，也被称为烂肠瘟、胆胀瘟，是由牛瘟病毒引起的急性、热性、高度接触性传染病，牛瘟病毒属于副黏病毒科麻疹病毒属，为单股RNA病毒。其特征为体温升高，病程短，黏膜特别是消化道黏膜发炎、出血、糜烂和坏死。

牛是牛瘟病的主要易感动物，其他偶蹄动物如羊、鹿等也可能感染。病牛和带毒牛是牛瘟病的主要传染源，主要通过直接接触和间接接触传播。直接接触包括健康牛与病牛的接触，或者与病牛接触过的物品、工具等。间接接触包括人员流动、车辆运输等。

本病多发生在气温较高的季节，发病率和死亡率都很高，如果不及时采取措施，死亡率可达到90%以上。

92. 牛瘟病诊断要点有哪些？

病牛体温急剧升高，达到40 ℃左右，并持续数天。出现食欲不振、反刍停止、流泪、眼睑肿胀、鼻镜干燥、呼吸困难等症状；口腔黏膜会变得充血、水肿，并出现灰色或灰白色的坏死斑块。随着病情的发展，这些斑块会扩大，形成溃疡，并伴有恶臭的分泌物；消化道黏膜会出现炎症、出血、糜烂和坏死，导致腹泻、大便恶臭并伴有血液和黏液。母牛可能发生阴道炎、孕牛流产等症状。

病牛后期口腔和鼻腔黏膜会形成黄色假膜，并伴有剧烈的腹泻、脱水等症状，最终可能导致死亡。

93. 牛瘟病如何防治？

定期接种牛瘟疫苗和多价疫苗是预防本病的最重要措施，平时加强饲养管理，保持场区环境清洁卫生，定期对场区及栋舍进行清理与消毒。一旦发现异常牛，立即进行监测，发现病牛，应立即上报兽医行政主管部门，按规定及时扑杀并无害化处理病牛及同群牛，有效控制疫情，禁止牛出入疫区，并禁止饲料和畜产品运出疫区，以防范疫势扩大和蔓延。同时对牛舍和用具进行彻底消毒，疫区及受威胁区及时免疫牛瘟疫苗，养殖人员应采取戴口罩、手套等必要的个人防护措施，以避免病毒传播。

发现病牛及时隔离，并按相关规定立即上报兽医主管部门，对尸体和污染物作无害化处理，对被污染的牛舍、用具进行彻底清洗与消毒，防止疫情扩散。对疑似病牛隔离观察，对受威胁区或假定健康牛立即进行紧急接种。

94. 什么是牛水疱性口炎？

牛的水疱性口炎是由水疱性口炎病毒引起的一种急性、热性传染病，该病毒属于弹状病毒科水疱性口炎病毒属，是一种有囊膜的单股RNA病毒，水疱性口炎病毒分为两个血清型，两者不能交互免疫。

本病主要发生于牛、马、猪等动物，其中牛易感性最高。不同品种、年龄和性别的牛均可感染，但以犊牛和青年牛的发病率较高。病畜是主要的传染源，病毒随病畜的水疱液、唾液和粪便排出，污染的饲料、饮水以及外界环境都可以成为本病的传播媒介，主要通过消化道和损伤的皮肤、黏膜感染，健康牛与病牛接触，如共用食槽、水源或互相舔舐等，都可以导致病毒的传播。

本病的发生具有明显的季节性，多发生于夏季和秋季，这与昆虫的活动有关，呈地方性流行或散发，有时呈暴发性流行。新疫区发病率高，病情严重，老疫区发病率低，病情较轻。长途运输、过度拥挤、饲养管理不良、环境恶劣等应激因素也可诱发本病。此外，免疫抑制性疾病或免疫抑制药物的使用也可能导致本病的暴发。

95. 牛水疱性口炎诊断要点有哪些？

病牛初期体温升高至 40~41 ℃，呈现明显的发热症状，表现精神沉郁、食欲减退、反刍减少等症状；随着病情的发展，病牛的口腔黏膜、舌及齿龈等部位会出现水疱和糜烂，水疱初期为米粒大小，随后迅速融合成蚕豆至核桃大小的水疱，内含透明黄色液体。经过 1~2 d 后，水疱破溃形成边缘不整齐的鲜红色烂斑；口腔黏膜干燥、口色发红、舌面肿大，由于口腔病变的刺激，病牛会大量流涎，呈丝缕状挂满嘴边，导致采食困难，咀嚼和吞咽受到影响；部分病牛的蹄冠、蹄叉和蹄踵部皮肤也可能发生红肿、热痛，随后形成米粒大、蚕豆至核桃大的水疱，水疱破溃后形成红色烂斑，疼痛加剧，发生跛行。若有细菌感染，则局部化脓坏死，可导致蹄匣脱落；母牛哺乳期患病时，乳房皮肤有时可见到水疱和烂斑，泌乳量减少或停止。随着病程的发展，病牛可出现脱水、消瘦等全身症状。

96. 牛水疱性口炎如何防治？

加强饲养管理，科学配制饲料，禁止饲喂发生霉变、存在污染或者混杂芒刺的草料，保持场区栋舍的清洁和干燥，定期对牛舍、饲料和水源等进行消毒。发现病牛，及时采取隔离和治疗措施，并对粪便与分泌物等采取无害化处理措施。

对病牛的口腔进行清洗和消毒，可使用生理盐水、0.1%高锰酸钾溶液等清洗口腔，然后涂抹冰硼散或 50%碘甘油。对于严重溃疡的病例，可使用抗生素软膏涂抹患处；同时，根据病牛的病情和体质情况，采取相应的全身治疗措施。如使用解热镇痛药物降低体温，使用消炎止痛药物缓解口腔疼痛，补充维生素和矿物质等营养物质，提高病牛的免疫力和抵抗力。对于严重脱水的病例，应及时补液纠正脱水。

97. 什么是牛免疫缺陷病?

牛免疫缺陷病是由牛免疫缺陷病毒引起牛的一种持续感染性疾病，该病毒抗原性与人类的艾滋病病毒（HIV）具有一定的相关性，均属于逆转录病毒。该病毒能引起牛的持续性淋巴细胞增生症、淋巴腺病、中枢神经系统损害，以及进行性消瘦和衰弱。

所有品种的牛对牛免疫缺陷病毒都易感，但不同品种、年龄和性别的牛在感染率和发病率上可能存在差异。通常来说，成年牛比犊牛更易感染，而母牛可能比公牛更易感染。病牛和带毒牛是主要的传染源，通过分泌物和排泄物向外界环境排毒，可污染饲料、饮水、用具和周围环境，成为传播本病的重要媒介。传播途径包括水平传播和垂直传播，水平传播是指病毒在牛群个体之间的传播，主要通过直接或间接接触感染牛的分泌物和排泄物，垂直传播则是指病毒由感染母牛通过胎盘或乳汁传播给新生犊牛。

98. 牛免疫缺陷病诊断要点有哪些?

感染牛食欲不振，体重渐进性减少，身体逐渐衰弱；淋巴细胞增生导致淋巴结肿大；皮肤和黏膜可能出现溃疡、炎症和糜烂等症状；牛免疫缺陷病毒在牛体内持续存在，导致持续性淋巴细胞增生和免疫抑制；感染牛可能出现共济失调、后躯麻痹、运动障碍等中枢神经系统受损的症状；由于免疫抑制，感染牛容易并发肺炎、消化系统疾病等其他疾病。

99. 牛免疫缺陷病如何防治?

本病目前没有特效药物可以治疗。平时加强饲养管理，提供营养丰富的饲料，保持场区栋舍的清洁和干燥，定期选用2%氢氧化钠、0.5%过氧乙酸溶液等消毒剂对牛舍、饲料和水源等进行消毒。定期选用伊维菌素、阿维菌素等药物进行体内外驱虫。对病牛立即进行隔离，并采取相应的治疗措施。同时，对病牛的用具、场地等进行彻底消毒，可有效降低牛免疫缺陷病的发生和传播风险。

发现病牛，应立即隔离治疗，防止疫情扩散。在感染早期可使用白细胞介素-2、干扰素等免疫调节剂，以增强机体免疫力，抑制病毒复制。同时可使用抗病毒、抗生素等药物进行治疗，以控制继发感染和并发症；加强病牛的饲养管理，保持圈舍干净卫生，供给营养全面且适口性高的饲草，通常轻症病牛临床症状会有所减轻甚至消失。

100. 什么是牛白血病？

牛白血病是由牛白血病病毒引起的慢性、进行性、接触传染性肿瘤病。

奶牛、肉牛和牦牛均是易感动物，青年牛群和长期接触感染的牛更易感染，感染后其潜伏期较长，可通过直接接触感染、人工授精、输血和共用注射器等传播，还可通过精液、阴道分泌物和乳汁等传播。此外，也可通过蚊、蜱、蝙蝠等吸血昆虫传播。

该病主要发生在冬季和春季，其他季节相对发生较少。此外，该病的流行还与地理环境、人口密度和动物密度有关，在高密度饲养地区更易流行。

101. 牛白血病诊断要点有哪些？

病牛初期无明显症状，随着病程的发展，在淋巴结、脏器等组织发生肿瘤，压迫周围器官及组织，引起机械或生理性机能障碍。病牛表现体温正常（有时略为升高）、食欲不振、消化不良、下痢、贫血、渐进性消瘦、共济失调、麻痹、跛行等症状；随着病程的发展，出现呼吸和排尿困难、泌乳量减少、心音不正、充血性浮肿、眼球突出等症状；血液中白细胞数、淋巴细胞总数和比例增高，出现异常和未分化的淋巴细胞。

病牛体表、直肠处淋巴结呈一侧或对称性增大，腮淋巴结或股前淋巴结常显著增大，触摸时可移动。如一侧肩前淋巴结增大，病牛的头颈可向对侧偏斜；眶后淋巴结增大后可引起眼球突出。

102. 牛白血病如何防治?

严格引进牛的管理，禁止从发病区引进牛，育种时，注意查清谱系，避免近亲繁殖导致牛群免疫力下降，同时，为牛提供充足的营养和清洁的饮用水，保持牛舍干燥、通风，定期对牛舍、饲料槽等进行清理和消毒。对于疑似或确诊的病例，应立即进行隔离，并对相关设施、用具和场地进行彻底消毒，以防止病毒传播。

103. 什么是牛呼吸道合胞体病毒感染?

牛呼吸道合胞体病毒感染是由呼吸道合胞体病毒引起的牛的急性呼吸道传染病，主要引起牛的肺炎和支气管炎，表现呼吸困难、咳嗽等症状。

牛呼吸道合胞体病毒（BRSV）属于副黏病毒科、肺病毒属。病毒基因组为单分子负股不分节的RNA，长度为15~16 kb，以RNA基因作为模板，转录10条mRNA，翻译出11种蛋白，包括9个结构蛋白。

牛是唯一的自然宿主，且各个年龄段和品种的牛均可感染。病畜和隐性排毒畜是主要传染源，主要通过直接接触、飞沫、气雾等途径传播。本病多发于春秋季节，低温、湿度大的气候条件有利于病毒的传播，感染率较高，但死亡率相对较低。

104. 牛呼吸道合胞体病毒感染诊断要点有哪些?

潜伏期通常为2~5 d。病牛初期表现为咳嗽，眼鼻有大量分泌物；随着病程的发展，病牛体温升高到41.5 ℃，并呈现稽留热，表现为精神沉郁、食欲不振、呼吸急促、厌食、反刍减少或停止等症状。严重的病牛呈现腹式呼吸，听诊可闻及喘鸣音，部分病牛皮下可触摸到皮下气肿，特别是靠近肩峰处。最严重的病牛流大量清亮或脓性鼻液，伴大量流涎。

105. 牛呼吸道合胞体病毒感染如何防治？

加强饲养管理，根据牛的年龄、性别和来源进行合理分群，提供营养丰富全面的饲料，适当增加牛的光照时间和运动量，保持牛群适当的密度，保持场区及栋舍干净卫生，定期对场区及栋舍进行清理与消毒，本病目前无有效的疫苗，因此，禁止从发病区引入牛是预防本病的重要措施。

发现病牛，应立即隔离采取对症治疗措施。针对病牛实际情况，禁食1~2 d，并给予充足的清洁饮用水。在饮水中加适量食盐，让牛自由饮用。

症状较轻的4~6月龄犊牛，可肌内注射地塞米松钠5 mL、安乃近5 mL、病毒灵10 mL，每天2次，连续注射3 d；若病牛出现呼吸困难的症状，则可皮下注射5 mL氟苯尼考进行治疗。此外，还可给病牛灌服适量的含有红糖的小米粥，每次2 500 mL，每日1次；症状严重的病牛，可以使用抗生素、解热镇痛药、镇咳药等进行治疗，以缓解症状、减轻病情。

若病牛混感支原体及肺炎时，可在治疗过程中选择使用氧氟沙星、多西环素、支原净及氟苯尼考等；若病牛混感副流感，可在治疗过程中配合使用青霉素及链霉素，或者使用卡那霉素，同时可根据具体情况适量补充维生素A。

106. 什么是牛副流行性感冒？

牛副流行性感冒简称牛副流感，是由副流感-3型病毒引起的一种急性接触性传染病，以侵害呼吸器官为其主要特征。病牛及带毒牛是主要的传染源，病毒主要通过直接接触和飞沫传播，如牛与牛之间的接触或咳嗽、打喷嚏等，牛是主要的易感动物，尤其是幼龄牛。

本病四季均可发生，春秋季节更容易发生，可能与气温、湿度等环境因素有关。

107. 牛副流行性感冒诊断要点有哪些？

潜伏期通常为 1~2 周，有时可达数月。病牛表现为食欲减退或废绝、精神萎靡、体重下降、发热、咳嗽、流涕、流泪、呼吸困难等症状；口腔和鼻腔流出浆液性或脓性分泌物；听诊时肺部出现湿啰音，有时伴有干啰音或胸膜摩擦音；严重时可出现腹泻、脱水、酸中毒等症状，甚至死亡。

108. 牛副流行性感冒如何防治？

严格引进牛的管理，尽量避免从外地购进牛，减少长途运输对牛的应激和感染风险。加强饲养管理，为牛提供营养充足的饲料，保持牛舍的清洁、干燥和通风，防止贼风侵袭，牛流感主要通过空气飞沫传播，因此要减少牛之间的直接接触，定期清理牛舍内的粪便和污物，并对牛舍进行消毒处理，以减少病毒的滋生和传播。饲养员应注重个人防护，避免与病牛直接接触，减少感染风险。

发现病牛，应立即隔离治疗，症状较轻的可肌内注射地塞米松钠5 mL、安乃近 5 mL、病毒灵 10 mL，每天 2 次，连续注射 3 d。

若病牛出现呼吸困难的症状，皮下注射 5 mL 氟苯尼考进行治疗，灌服红糖小米粥，每次 2 500 mL，每天 1 次；症状严重的病牛，每头牛用生理盐水 500 mL、青霉素 100 万 IU、链霉素 150 万 IU、鱼腥草注射液 20~40 mL、地塞米松注射液 5~10 mL，混合后一次性静脉注射；5%葡萄糖溶液 500 mL，10%氯化钙 50 mL，混合后一次性静脉注射；水杨酸钠溶液 100~200 mL 一次性静脉注射。以上药物每日 1 次，连用3 d；配合中药制剂（大黄 100 g，苦参、柴胡各 50 g，苍术、黄芩各 30 g，煎水灌服，1 日 1 剂，连服 3~5 剂）效果更佳。

若病牛混合感染支原体或肺炎，可在治疗过程中选择使用氧氟沙星、多西环素、支原净及氟苯尼考等。

109. 什么是牛病毒性腹泻？

牛病毒性腹泻也称牛黏膜病，是由牛病毒性腹泻病毒引起的一种急性、热性传染病，主要侵害消化道和呼吸道的黏膜细胞，引起炎症和坏死，特征是黏膜发炎、糜烂、坏死和腹泻。

各种年龄的牛均可感染，其中以6~18月龄的牛最易感，感染牛在发病期间，大量病毒会随粪便排出，污染水源、饲料、饮水器等，导致其他牛感染。

该病毒可在牛群中长期存在，并随着牛的流动而传播。集约化饲养的牛场因牛群密集，较易发生流行。潜伏期通常为1~2周，在感染后6个月内仍可携带病毒并传播，主要通过呼吸道和消化道感染，也可通过胎盘感染。本病一年四季均可发生，但以冷湿季节多发。

110. 牛病毒性腹泻诊断要点有哪些？

急性感染：病牛通常会出现发热、食欲减退、精神沉郁、咳嗽、流涕、呼吸困难等症状。口腔和鼻腔内常有大量的分泌物，并伴有腹泻、呕吐等症状。病牛的体重下降，严重时可能导致脱水死亡。

慢性感染：病牛通常没有明显的临床症状，但可能会出现持续的轻度腹泻、食欲不振、体重下降等症状。病牛通常是病毒的携带者，可能会传播病毒给其他牛。

胎儿感染：可导致胎儿发育异常，母牛发生早产、流产，或犊牛出生后死亡。出生后的犊牛可能出现免疫缺陷和持续性感染。

其他症状：病牛还可能出现蹄部和皮肤损伤、眼结膜炎、肺炎等症状。

111. 牛病毒性腹泻如何防治？

疫苗接种是预防牛病毒性腹泻的关键措施，定期接种疫苗，特别是新生犊牛，应在出生后尽早接种疫苗。

加强饲养管理，根据品种、体重、年龄及性别等因素进行合理分群，同时，确保饲养环境卫生、营养充足、水源清洁，定期对牛舍、饮水器等设施消毒，严格管控牛的流动，减少牛之间的直接接触，可以有效避免病毒的传播。对于防疫措施不到位的场所，禁止牛的流动。严格牛的引入管理，避免引入病牛或带毒牛。

及时隔离病牛，加强护理，冬季注意防风保暖，并给予营养全面、易消化的饲草，帮助其较快地恢复。对症治疗和控制细菌继发感染可减少损失。方案如下：

方案 1. 次碳酸铋片 30 g、磺胺咪片40 g，一次口服，磺胺药每天 2 次，连用 3~5 d。

方案 2. 丁胺卡那霉素注射液 300 万 IU、5% 葡萄糖生理盐水 3 000 mL，一次静脉注射。重症配合强心、补糖及维生素 C 等，也可用乙酰甲喹注射液、恩诺沙星注射液肌内注射或静脉注射。

方案 3. 大黄、丹皮、生地黄、栀子各 10 g，秦皮 15 g，枳壳 8 g，厚朴 7 g，石榴皮 5 g，黄芩 20 g。成年牛每次 300~500 g、犊牛 100~150 g，煎汤灌服，每天 1~2 次，连用 5 d。本方治疗病牛 30 头，治愈 13 头。

方案 4. 白芍、大黄各 24 g，车前子 21 g，地榆炭 18 g，金银花、滑石、白头翁各 30 g，茯苓 21 g，甘草 9 g。共为末，温水调，一次性灌服，一般治愈率 80%以上。

方案 5. 芍药、板蓝根、黄芪各 100 g，枳壳、厚朴、陈皮各 80 g，柴胡 50 g，细辛 1 g。研细，加温水一次投服，每天 1 次，连服3 d。采用对症疗法和控制细菌继发感染的同时，应用本方效果确实。

方案 6. 白头翁汤加味（白头翁、黄连、黄芩、黄柏、秦皮、茵陈、苦参、穿心莲、白扁豆各 60 g，玄参、生地黄、泽泻、椿白皮、诃子、乌梅、木香、白术、陈皮各 50 g），水煎，候温灌服，每天 1 剂，分 3~4 次服完。以本方为主对 102 头黄牛病毒性腹泻–黏膜病进行综合治疗，除 15 例因病重晚治无效死亡外，其余均治愈。

112. 什么是牛传染性鼻气管炎？

牛传染性鼻气管炎又称坏死性鼻炎、红鼻子病，是由牛传染性鼻气管炎病毒（IBRV）引起的牛的一种急性、热性、接触性传染病。以呼吸道黏膜发炎、呼吸困难、流鼻涕等为特征。

病牛和带毒牛是主要的传染源，病毒主要存在于鼻、眼和阴道分泌物中，以及流产的胎儿和胎盘中，主要通过直接接触和飞沫传播，如牛与牛之间的接触或咳嗽、打喷嚏，也可通过污染的环境和饲料、饮水等媒介进行传播。牛是唯一的自然宿主，不分品种、年龄和性别均易感，幼龄牛的易感性最高，发病率和死亡率也较高。

该病潜伏期通常为 3~7 d，但也可长达 20 d 以上，多发于冬春季舍饲期间，可能与寒冷季节中牛群饲养密集大、通风不良等因素有关。发病率通常为 10%~90%，病死率为 1%~5%，但犊牛的病死率较高，可达 50%~90%。

113. 牛传染性鼻气管炎诊断要点有哪些？

病牛初期高热，可达 40 ℃以上，表现精神沉郁、食欲减退、结膜炎、角膜炎、流泪、消化道和呼吸道炎症等症状。

呼吸道型：临床本型较为常见，通常发生于寒冷季节。病牛高热，高达 40 ℃以上，咳嗽，呼吸困难，流泪，流涎，流脓性鼻液，鼻黏膜高度充血，有散在的灰黄色小脓疱或浅而小的溃疡。鼻镜发炎、充血，呈火红色，因此称为红鼻子病。病程多为 10~14 d，发病率高达 75%以上，但病死率较低，通常在 10%以下。犊牛发病后症状较重，常因窒息或继发感染而死亡。

生殖器型：本型主要见于成年牛，多由交配而感染。母牛患病时，尾巴常竖起，频尿，阴门流黏液和脓性分泌物，外阴道黏膜充血肿胀，散在有灰黄色粟粒大的脓疱或溃疡，甚至发生子宫内膜炎。公牛患病时，龟头、包皮内层和阴茎充血，形成小脓疱或溃疡，康复后可长期带毒。

脑膜脑炎型：本型主要发生于犊牛。病犊体温升高至 40 ℃以上，病初期表现为流鼻液、流泪、呼吸困难等症状，3~5 d后可见肌肉痉挛，视力障碍，最后出现惊厥，共济失调，角弓反张，口吐白沫，直至死亡，病死率在50%以上。

眼炎型：本型多与上呼吸道炎症合并发生。主要症状是结膜炎和角膜炎，表现为结膜充血，眼睑水肿，大量流泪，角膜上形成云雾状白斑，眼、鼻有浆液性或脓性分泌物，很少引起死亡。

流产型：妊娠牛可在呼吸道和生殖器症状出现后的1~2个月内流产。非妊娠牛则可因卵巢功能受损导致短期内不孕。

肠炎型：本型多见于2~3周龄的犊牛，在发生呼吸道症状的同时出现腹泻，严重时排血便，病死率为20%~80%。

114. 牛传染性鼻气管炎如何防治？

定期接种牛鼻气管炎疫苗是预防牛传染性鼻气管炎的有效方法。加强饲养管理，科学分群，并合理控制饲养密度，给予营养充足的饲料与洁净的饮水，保持场区干净和卫生，圈舍通风良好。严格消毒管理，定期清理牛舍内的粪便和污物，并对牛舍进行消毒处理，使用2%的氢氧化钠溶液或者生石灰等对环境每周消毒一次，用0.5%的过氧乙酸溶液或0.1%的新洁尔灭等消毒液对饲槽、饮水槽、饲养用具等定期消毒。严格管控牛的流动，避免引入病牛或带毒牛，严格检疫和隔离观察引入牛。

发现病牛及时隔离，加强护理，保持圈舍安静，保证充足的饮水，同时给予营养丰富易消化的饲料；及时清理病牛鼻、眼睛、咽、口腔及生殖道等处的分泌物，同时采取对症治疗，如使用抗生素、解热镇痛药等，控制继发感染。也可以采用中药制剂治疗。

【处方1】荆防败毒散加减：荆芥45 g，防风40 g，羌活、独活、柴胡、前胡、枳壳、桔梗、川芎各25 g，茯苓、党参各30 g，甘草20 g，薄荷15 g。

【用法用量】共为末，开水冲，候温一次性灌服，连用2~3剂。

【功效】辛温散寒，理气化湿。

【应用】本方疗效良好。病牛发热、鼻镜干燥、流脓性分泌物者，加二花、连翘各 35 g，口干舌燥、饮欲增加者，加芦根、地骨皮各 25 g，食欲不振、反刍减少者，去枳壳加枳实 25 g、炒山楂 60 g、神曲 60 g。

【处方 2】马勃、升麻各 18 g，薄荷、桔梗、黄连各 20 g，黄芩、柴胡、连翘、玄参、甘草、牛蒡子各 30 g，板蓝根 120 g。

【用法用量】加 1.5 L 水煎成 500 mL，候温灌服。每天早、晚各 1 次至愈。

【功效】透卫清热，解毒消肿。

【应用】本方配合西药共治疗 70 例病牛，其中呼吸型 41 例，结膜型 3 例，生殖器型 12 例，流产不孕型 2 例，脑膜脑炎型 2 例，肠炎型 10 例。完全治愈 61 例，显效 7 例，无效 2 例，总有效率 97% 左右。

115. 什么是牛轮状病毒病？

牛轮状病毒病是由轮状病毒引起的急性肠道传染病，主要感染对象是新生犊牛。

本病宿主范围广泛，包括牛、羊、猪、马、兔等动物和人，易感动物多为新生和幼龄动物，其中 1~7 日龄的犊牛最易感。成年牛大多呈隐性感染过程。病毒主要存在于肠道内，随粪便排出体外，通过消化道传播给易感动物和人。此外，病毒也可通过污染的饲料、饮水、环境等媒介进行传播。

本病多发生在寒冷、潮湿的秋冬季节，然而，本病在全年均可发生，特别是饲养管理不良、饲料质量差、环境卫生不良等情况下，更易感染发生。

116. 牛轮状病毒病诊断要点有哪些？

病牛精神委顿，食欲减退或废绝，奶牛产奶量下降，体温略高或正常，呼吸加快，四肢无力，反应迟钝，眼结膜湿润，鼻镜干燥；拉出大量黄白色或灰白色带有黏液和血液的水样稀便，肛门周围和后肢内侧沾满粪便。严重病例可见粪便呈喷射状排出，犊牛排出的粪便可能呈灰白色或黄色；病牛出现脱水症状，由于腹泻导致大量水分和电解质流失，表现为眼球下陷、皮肤失去弹性、体重减轻等。

117. 牛轮状病毒病如何防治？

母牛分娩前 1~3 个月接种牛轮状病毒疫苗，通过初乳抗体可使新生犊牛获得坚强的被动免疫。提高饲养管理水平，为怀孕母牛和初生母牛提供营养充足的饲料，保证初乳质量，让犊牛尽早吃上初乳以获得母源抗体。保持牛舍的清洁、干燥和通风，定期清理牛舍内的粪便和污物，并对牛舍进行消毒处理。饲养人员应注重个人防护，避免与病牛直接接触，减少感染风险。

发现病牛及时隔离治疗，首先停止喂奶，让病牛自由饮用葡萄糖甘氨酸溶液或葡萄糖氨基酸溶液，也可静脉注射葡萄糖盐水和碳酸氢钠溶液，以防止脱水、脱盐而引起中毒及休克；水样腹泻犊牛口服补液的同时加入吸附剂，如口服补液 1 d 后无好转，根据具体情况结合使用维生素 C、维生素 B、止血敏、葡萄糖酸钙等进行静脉补液，输液后食欲好转时，可输液的同时结合口服补液；严重时可加入喹诺酮类、磺胺类等抗生素输液治疗。

118. 什么是牛冠状病毒感染？

牛冠状病毒感染又称为犊牛冠状病毒病，是引起牛严重腹泻的常见病毒病之一。该病毒属于冠状病毒科、冠状病毒属，只有一个血清型，但存在不同的毒株，其中一些毒株具有较强的致病性。病毒在牛体内的潜伏期较短，通常为 1~2 周。

牛冠状病毒的宿主范围较广，包括牛、羊、猪等偶蹄类动物，牛是其主要宿主，不同年龄、性别和品种的牛均易感，犊牛易感性较高，尤其是新生犊牛，主要通过直接接触和飞沫传播，如牛与牛之间的接触或咳嗽、打喷嚏等。此外，也可通过污染的环境和饲料、饮水等媒介进行传播。

本病在全年中均可发生，但春秋冬季更容易发生，可能与气候变化和饲养管理条件有关，不同地区流行的病毒株可能存在差异。

与其他病原微生物如沙门菌、大肠杆菌等引起混合感染，加重病情。

119. 牛冠状病毒感染诊断要点有哪些？

病犊牛腹泻，粪便呈淡黄色水样，内含凝乳块和黏液。严重病例可能出现脱水和血液浓缩。还出现体温升高，可达40～42 ℃，表现出食欲减退、精神沉郁、呼吸急促、呼吸困难的症状；成年牛感染后可出现咳嗽、流鼻涕、流眼泪等症状，产奶量下降。

120. 牛冠状病毒感染如何防治？

加强饲养管理，控制人员流动，降低病毒传播风险，对于进出牛舍人员，要进行严格的消毒处理。定期接种冠状病毒疫苗，科学配制饲料，定期清理牛舍内的粪便和污物，并对牛舍进行消毒，保持牛舍清洁与干燥，确保牛舍环境干燥、通风，饲养人员严格做好个人防护，减少与病牛的直接接触。

病牛应立即隔离治疗，加强对圈舍的消毒，同时，使用恩诺沙星、阿莫西林等治疗，每天1次，连续3～5 d，对腹泻病牛及时补液、补充电解质。

121. 什么是牛伪牛痘？

牛伪牛痘是由副痘病毒引起的感染母牛乳房和乳头的疾病，其特征是在乳房和乳头皮肤上出现丘疹、水疱。伪牛痘是一种人畜共患病，主要见于人和牛。

牛易感，尤其是新产的母牛，其他动物品种不易感，主要通过直接接触传播，如通过牛与牛之间的接触、挤奶工的手和清洗液等。此外，昆虫叮咬也可能传播该病毒。

病牛临床症状主要是乳房和乳头皮肤上出现红色丘疹，随后发展为水疱，最后结痂。这些症状通常在感染后5 d左右开始出现，并在3周内消失。如果感染严重，可能会出现全身症状，如发热、精神沉郁、食欲减退等。

122. 牛伪牛痘如何防治？

加强饲养管理，为牛提供营养充足的饲料，合理安排饲养密度，降低疫病传播风险。保持牛舍、运动场等环境的清洁和干燥，定期清理粪便和污物，对牛舍和用具进行定期消毒，发现病牛，立即隔离，避免病毒在牛群中的传播。与牛接触的人员应保持勤洗手、穿戴防护服和手套等良好的个人卫生习惯，强化对设备、手、清洗液和昆虫等传播途径的控制，降低病毒传播的风险。挤奶时先挤健康牛，后挤病牛，挤过病牛后必须用消毒剂彻底清洗双手和挤奶机后再挤健康牛；挤奶工在挤奶过程中应注意个人防护，如穿防护服，戴手套、口罩等，并定期对手部和挤奶机进行清洁和消毒。

发现病牛及时隔离治疗，对局部使用氧化锌、硼酸或抗生素软膏涂抹，或使用食用豆油 450 mL，烧开晾凉后，加 10%碘酊 50 mL 混合后涂抹，或青霉素 480 万 IU、地塞米松 7.5 mg、病毒唑 20 mg、凡士林 100 g 拌匀后涂抹，促使愈合和防止继发感染。

可以涂抹药膏、使用碘伏药浴乳头，同时注意防止乳房炎发病率的提升。如发现人员手部有异常症状，应及时就医。

123. 什么是牛痘？

牛痘是由牛痘病毒引起的急性感染，以乳房和乳头局部发生痘疹，间或表现全身症状为特征。该病毒为 DNA 病毒，属于痘病毒科，对热和干燥有较强的抵抗力，对常用的消毒剂和紫外线敏感。

本病没有明显的季节性特征，全年均可发生。感染牛是主要的传染源，病毒主要存在于感染部位的水疱液、脓汁和痂皮内，可以通过直接接触感染部位或通过飞沫传播。

124. 牛痘的诊断要点有哪些？

本病潜伏期通常为 12 d，病牛体温骤然升高至 39～40 ℃，表现为全身不适、烦躁、食欲减退、咽痛、四肢酸痛、呕吐、腹泻等症状，并会出现惊厥等神经症状。皮疹通常在 2～4 d 内全部出现，呈离心性分布，主要出现在头面部和四肢近端，躯干较少。最初为暗红色小丘斑，数小时后即有丘疹，经 2~3 d 丘疹期，渐为水疱状即为痘疱，周围有红晕，5~8 d 内疱疹灌浆，渐成脓疱，有痛感，周围红晕加深。此时体温再度升高，称“化脓热”，10~14 d 内，体温渐降，脓痂渐干缩或破裂结痂，终成痂盖。再经 2~4 周，痂盖自然脱落，有痒感，并留下疱痕。

125. 牛痘如何防治？

接种牛痘疫苗是预防牛痘最有效的方法。平时加强场区饲养管理，禁止饲养犬猫等其他动物，保持场区干净卫生，定期对场区及栋舍进行消毒，强化夏季灭蚊蝇措施，与动物密切接触者在工作中应做好个人防护，佩戴手套，对食槽、设施、用具等进行消毒，及时清理粪便与污染物。避免皮肤破损，并尽量不接触动物，以减少感染的风险。特别是挤奶工或屠宰场工人等，应特别注意保护好暴露部位的皮肤。

发现病牛应及时隔离治疗，可以使用氧化锌、硼酸、抗生素软膏涂抹患部等措施，如 0.1%高锰酸钾溶液 500 mL、碘甘油100 mL，病灶经高锰酸钾液冲洗后，涂碘甘油，也可用 1%酸溶液、2%硼酸溶液或 1%来苏儿冲洗，涂布 1%紫药水或氧化锌、硼酸软膏、金霉素软膏；也可以采用注射用青霉素钾 400 万 IU、注射用丁胺卡那霉素 200 万 IU、注射用水 20 mL，一次肌内注射，每天 2 次，连用5 d，用于防止并发症，也可用磺胺类药物或其他抗生素，促进愈合和防止继发感染。同时，对牛舍、场地及用具等可用 1%~2%氢氧化钠溶液（火碱水）或 10%石灰乳消毒。

126. 什么是牛海绵状脑病？

牛海绵状脑病是由朊病毒引起牛的以中枢神经系统损害为特征的传染病，俗称疯牛病。带毒牛是主要的传染源，病毒主要存在于感染部位的组织和体液中，如脑组织和唾液等。通过接触传播，如直接接触感染部位或接触被污染的环境。此外，被污染的饲料和水源也可能成为传播途径。牛是该病毒的主要宿主，尤其是年龄较大、免疫力较低的牛更容易感染。

牛海绵状脑病的流行具有地方性和周期性的特点，通常在某些地区或牧场中发生。病毒可在牛群中持续传播，并导致较高的发病率和死亡率。本病没有明显的季节性特征，全年均可发生。

127. 牛海绵状脑病诊断要点有哪些？

牛海绵状脑病临床症状主要包括神经症状和行为异常。病牛会出现食欲不振、反应迟钝、体重下降、步态不稳、后躯麻痹、尾巴和四肢持续震颤等症状。随着病情的发展，会出现共济失调、肌肉抽搐、痉挛、角弓反张等严重症状，最终可能导致昏迷死亡。

128. 牛海绵状脑病如何防治？

加强饲养管理，禁止使用动物蛋白饲料，不可用反刍动物肉骨粉喂牛，降低病毒在饲料中的传播风险。对场区栋舍定期清理和消毒，定期清理牛舍内的粪便和污物，保持牛舍的清洁和干燥，以减少病毒在环境中的存活和传播。加强对牛和饲料的管理，防止病毒传入场区。在接触牛和饲料时，应穿戴适当的防护服和手套，以减少感染的风险。

一旦发现疑似病例，应立即将病牛隔离，并及时上报兽医行政主管部门，对发病牛及同群牛立即扑杀并无害化处理，对疫区场地进行消毒，以防止病毒进一步传播。加强屠宰场的管理，确保病死动物得到妥善处理，防止病毒通过食品链传播给人类。

129. 什么是牛伪狂犬病？

牛伪狂犬病是由伪狂犬病病毒引起的急性传染病，主要感染牛和其他家畜。该病的主要症状包括发热、奇痒、脑脊髓炎等，并呈散发。

病牛、带毒牛及带毒鼠是主要的传染源，病毒可在感染动物的多种组织中长期存在，并随分泌物、排泄物排出体外，污染外界环境。主要通过直接接触感染部位、消化道、呼吸道、体表伤口和生殖道等感染。此外，交配时也可传播。多种家畜和野生动物均可感染，牛是最易感的动物之一。

本病多发生在寒冷的冬季和春季，具有一定的季节性。该病在某一地区或季节内可暴发流行，但在其他地区或季节则可能呈散发形式。潜伏期通常为 3～6 d，少数病例可长达 10 d 以上。牛对伪狂犬病特别敏感，一旦感染，致死率高达 100%。

130. 牛伪狂犬病诊断要点有哪些？

病牛高热，体温迅速上升至 40 ℃以上，精神沉郁，食欲不振，便秘或腹泻，咳嗽，喘气，呼吸加快，流涎、流眼泪。在牛的耳朵、颈部、外阴和乳房等部位出现奇痒，病牛表现出啃咬、摩擦行为，皮肤出现明显的脱毛、充血和擦伤。随着病情的发展，病牛出现强直性痉挛、倒地不起、口吐白沫、角弓反张等神经症状。病程多为 1～2 d，但有些病例可长达 4～5 d。部分病例可能不会出现瘙痒症状，但数小时后会突然死亡。

131. 牛伪狂犬病如何防治？

每年秋季为牛接种伪狂犬病疫苗，可有效预防该病的发生。加强场区饲养管理，禁止饲养犬猫及其他动物，定期对牛舍、用具等进行消毒，采取严格的灭鼠措施，降低病毒传播风险。确保饲料和饮水不受污染，提高牛的抵抗力。严格牛的引入管理，避免本病的引入与传播。

隔离病牛并进行有效的治疗，如抗伪狂犬病高免血清（用量参照说明书）、25%维生素 C 注射液 6～20 mL、5%葡萄糖注射液 150～400 mL，一次静脉注射，配合皮下注射 10%安钠咖注射液（乳牛用 30 mL）和肌内注射维生素 B_1 500 mg。对于病情严重的病牛，应果断淘汰，以防止疫情扩散。在处理病牛和疫情时，要特别注意人员的安全，采取必要的防护措施。

132. 什么是牛流行热?

牛流行热，也被称为牛暂时热或三日热，是由牛流行热病毒引起的一种急性热性传染病。该病的特征是突然高热，呼吸促迫，流泪，消化器官严重卡他性炎症，运动障碍。该病病势迅猛，但多为良性经过。病牛经2~3 d即恢复正常，故又称三日热或暂时热。

牛是该病的易感动物，其中黄牛、奶牛尤为易感，不同年龄、性别和品种的牛均能感染，但以3~5岁牛多发，1~2岁牛及6~8岁牛次之，犊牛及9岁以上牛少发。病牛是主要的传染源，发热期病毒存在于病牛的血液、呼吸道分泌物及粪便中，主要通过吸血昆虫(如蚊子、螯蝇等)进行传播，也可通过直接接触感染的牛进行传播。

该病具有明显的季节性，通常在夏末到秋初、高温炎热、多雨潮湿、蚊蠓多生的季节流行。在南方主要流行于4~9月，在北方则多发于7~9月。该病的流行速度快，一次流行可持续数月，但发病后隔一段时间又可再次流行，具有明显的周期性，每6~8年或3~5年流行一次。

133. 牛流行热诊断要点有哪些?

病牛表现突然高热，体温升高至39.5~42.5 ℃，维持2~3 d后降至正常，精神不振，食欲废绝，反刍停止，瘤胃不蠕动或蠕动弱；同时，口腔发炎，有泡沫样流涎，流泪，有水样分泌物，眼睑及结膜充血、水肿；鼻镜干热，鼻流清涕或黏稠鼻液；皮温不整，特别是角根、耳翼、肢端有冷感。发出间质性肺气肿，呼吸促迫，呻吟，有疼痛感，可由窒息而死亡；有轻度瘤胃臌气，粪干稀不均等，大多数病牛粪带血，尤其1岁以下犊牛较为严重。部分出现四肢关节浮肿疼痛，跛行，站立困难。哺乳母牛发病后，泌乳量会急剧下降，病初粪便带有黏液，孕牛极易发生流产甚至死亡，病程通常为3~7 d。

134. 牛流行热如何防治？

定期接种牛流行疫苗是预防本病的最有效措施。加强饲养管理，保证适当的运动，科学调配饲料配方，给予易消化且营养丰富的草料，增加优质蛋白和能量饲料以及青绿多汁饲料，保证充足清洁的饮水，并采用少喂勤添的饲喂方式，防止饲料在饲槽内堆积发酵导致酸败变质。定期对牛舍、饮水器和食槽等进行消毒，保持牛舍清洁卫生，及时开展灭蚊蝇工作，使用高效杀虫剂喷洒牛体表，防蚊虫叮咬，避免通过叮咬传播病毒。夏季注意降温防暑，保持圈舍通风良好，防止牛体温突然升高或中暑。严格引入牛的管理，新引入牛隔离饲养 15 d 确认无疫病后方可混群饲养，以防止疾病传播。

发现病牛应立即隔离，并对病死牛进行无害化处理，避免与病牛接触。对病牛加强护理，保持安静，提供舒适的环境，定期检查，喂给营养丰富易消化的饲料，或使用中药方剂进行调理。

采取对症治疗，使用镇痛解热药、抗病毒和抗生素药物等对症治疗。

方案 1. 注射用青霉素钠 480 万 IU、注射用丁胺卡那霉素 200 万 IU、注射用水 20mL，分别一次肌内注射，每天 2 次，连用 3～5 d。也可以使用复方磺胺类药物或庆大霉素等，高热时配合安乃近注射液。

方案 2. 注射用头孢噻呋钠 2.5 g、1%氢化可的松注射液 30 mL、10%安钠咖注射液 20 mL、5%葡萄糖注射液 3 000 mL，一次静脉注射，用于产乳母牛时加 5%氯化钙注射液 300 mL。

方案 3. 2.5%醋酸氢化可的松注射液 5 mL，一次肌内注射，适合于跛行症状。

方案 4. 注射用青霉素钠 160 万 IU、10%水杨酸钠注射液 200 mL、5%氯化钙注射液 200 mL、50%葡萄糖注射液 200 mL、10%安钠咖注射液 30 mL、1%氢化可的松注射液 30 mL、5%葡萄糖注射液 2 000 mL，分别一次静脉注射；2.5%盐酸异丙嗪注射液 10～16 mL，一次肌内注射。

方案5. 中药制剂治疗。

【处方1】柴胡、桂枝、葛根、炒枳实、川芎各50 g，苏叶60 g，知母40 g，麻黄35 g，生姜100 g，甘草25 g。

【用法用量】水煎取汁，候温一次性灌服，每天1剂，连用3 d。

【应用】热感者加板蓝根、银花、连翘，跛行明显者加木瓜、防己、独活。

【处方2】金银花、连翘、生地黄、玄参、黄芩各45 g，蚕沙、土茯苓各90 g，木瓜、生甘草各30 g。

【用法用量】水煎，去渣，候温灌服，或共研细末，开水冲服。

【功效】解毒凉血，祛风湿，和胃。

【应用】跛行重者，加独活、秦艽、威灵仙；食欲废绝者，加茯苓、砂仁、白豆蔻；病严重者，加黄连、赤芍、紫草、豨莶草。用此方治疗牛流行热600余例，其中水牛10余例均有药到病除之功。

【处方3】羌活、防风、黄芩、苍术、金银花、连翘各60 g，川芎、贝母、甘草各30 g，白芷、桔梗各45 g，大青叶、蒲公英各100 g，大葱、生姜各120 g。

【用法用量】水煎服，每天1剂，连服3剂为1个疗程。

【功效】祛湿除风，清热解毒。

【应用】本方适用于奶牛流行热初期，功效甚佳。病牛当晚服药，第2天体温降至38.5 ℃，开始反刍，连服3剂后痊愈，未发病奶牛可灌服本方预防。

【处方4】贯仲90 g，金银花、连翘、桑叶、天花粉、沙参、黄芩、蒲公英、甘草各60 g，大青叶100 g，苏子35 g，葶苈子30 g，贝母、苍术、佩兰、藿香各45 g，蜂蜜250 g为引。

【用法用量】水煎服或为末，开水冲调，候温灌服，每天1剂，连服7 d为1个疗程。

【功效】解毒祛湿，宣肺定喘。

【应用】用本方治疗奶牛流行热合并间质性肺气肿，首先用地塞米松肌内注射，3%过氧化氢溶液、毒毛旋花子苷K、5%葡萄糖氯化钠缓慢滴注，10 min 后呼吸困难缓解，心衰症状有所减轻，病势趋于稳定。随后服中药，7 d 后痊愈。本方亦是治疗病毒性肺炎、肺气肿之良方。

【处方 5】荆芥、防风、羌活、前胡、桔梗各 40 g，柴胡、枳壳、茯苓各 30 g，川芎、生甘草各 20 g，板蓝根 60g。

【用法用量】水煎灌服。

【功效】辛温解表，疏风祛湿。

【应用】本方用于风寒型牛流行热。跛行者，加桂枝、宣木瓜、怀牛膝各 30 g，马鞭草 20 g 以通经止痛。

【处方 6】金银花、连翘、薄荷、大青叶、板蓝根各 40 g，桔梗、竹叶、夜交藤、甘草各 30 g。

【用法用量】水煎灌服。

【功效】辛凉解表，清热解毒。

【应用】本方用于风热型牛流行热，四肢沉重者，加羌活、独活各 35 g，川芎 30 g，以祛风湿；泄泻腹胀者，加藿香、白扁豆、大腹皮、茯苓各 30 g，厚朴 25 g，以健脾行气、化湿除胀。

135. 什么是牛细小病毒病?

牛细小病毒病是由牛细小病毒（BPV）引起的一种传染病，四季均可发病，但春秋两季更易发，特别是春季。感染母牛是主要的传染源，其粪便、阴道分泌物中均含有病毒，主要引起母牛的繁殖障碍，如流产、死胎、木乃伊胎等，犊牛在出生后也会因接触感染的母牛或污染的环境而感染，也可引起公牛的睾丸炎，影响其生育能力。

病牛的眼结膜潮红、肿胀，有黏性分泌物。口腔黏膜有溃疡，口角有泡沫。有时伴有腹泻和呕吐。母牛在怀孕 3～8 个月时流产，流产后可能会产出死胎或弱胎；新生犊牛出现精神萎靡、食欲不振、体温升高、呼吸困难等症状，有的还伴有腹泻和口腔溃疡；公牛感染后会出现睾丸炎等症状。

病死犊牛尸体消瘦，脱水明显，肛门周围有稀粪。剖检后可见回肠和空肠黏膜有不同程度的充血、出血或溃疡，口腔、食管、真胃、盲肠、结肠和直肠也可见水肿、出血、糜烂性变化，肠系膜淋巴结肿大、出血，或出现坏死灶。

136. 牛细小病毒病如何防治?

加强饲养管理，提供营养丰富充足的饲料，保证饲料和饮水的清洁，保持场区环境干净卫生，定期对牛舍进行清扫和消毒，特别是饮水器、饲料槽等易污染的物品，强化场区防鼠防鸟及防虫媒措施，降低病毒传播风险。

发病后及时隔离和治疗病牛，以减少病毒的传播。采取对症治疗的原则，如使用镇痛解热药、抗生素等，以缓解症状、控制感染和促进康复；对于出现严重脱水和心力衰竭的病牛，应及时进行补液和强心治疗。

137. 什么是牛茨城病?

茨城病是由茨城病毒引起的急性、热性传染病，其特征是突发高热、咽喉麻痹、关节疼痛性肿胀等。牛是本病的主要易感动物，其中1岁以下牛通常不发病。病牛和带毒牛是本病的主要传染源，由库蠓传播。通常夏季多发，发病率为20%~30%，潜伏期为3~7 d，人工接种的潜伏期为3~5 d。

138. 牛茨城病诊断要点有哪些?

病牛突发高热，体温升高至40 ℃以上，持续2~3 d，少数可达7~10 d；精神萎靡，食欲减退或废绝，反刍停止，结膜充血、水肿，流泪或分泌脓性分泌物，比牛流行热稍黏稠；鼻液初呈浆液性，白细胞数减少。病情多轻微，2~3 d完全恢复健康。随着病情的发展，鼻液变为脓性，鼻镜、口腔、鼻黏膜特别是齿龈部位充血、坏死和形成溃疡，病牛大量流泡沫样口涎。后期部分病牛出现舌、咽喉和食管麻痹，致使饮水采食困难，严重时举头后水及液体食物流进食管，低头后从口鼻处流出，由于严重缺水和异物性肺炎而死亡。少数病牛四肢关节疼痛肿胀、跛行，在乳房和外阴部可见浅的溃疡。

139. 牛茨城病如何防治？

加强饲养管理，保证饲料和饮水的清洁，保持牛舍的通风和干燥，定期对场区圈舍与设施用具进行全方位的清洗与消毒，避免病牛与健康牛接触。严格精液与牛的引入管理，对输精枪及其他用具进行必要的消毒。操作人员做好个人防护。对于疑似病牛，应立即隔离并进行检查。

发病后，以提高机体抵抗力、防止误咽和脱水、对症治疗为原则，可使用维生素制剂、强心剂、神经兴奋剂等治疗。

补充体液常用5%葡萄糖生理盐水1 500~2 500 mL、25%葡萄糖500~1 000 mL，静脉注射，每天2次。治疗中严禁口服灌药，以防异物性肺炎的发生，可使用胃导管补给水分；如不能使用胃导管，可穿刺瘤胃，直接向瘤胃内注入水分。注水后应将头部抬高几分钟，防止低头时水从瘤胃中返流。

若病牛出现咽喉麻痹和吞咽困难症状，应及时进行鼻饲或输液治疗，以补充体液和营养物质。

140. 什么是赤羽病？

赤羽病是由赤羽病病毒引起的一种传染病，其特征是流产、早产、死胎、胎儿畸形和积水性无脑综合征。牛是赤羽病的易感动物，特别是怀孕的母牛，胎儿更容易受到感染，主要通过吸血昆虫（如蚊子、库蠓等）叮咬传播，也可通过感染动物的分泌物和排泄物传播。

患病妊娠母牛流产、早产、死胎和胎儿畸形等，尤其是怀孕7个月以上或接近妊娠期满的母牛，症状尤为明显。感染后，母牛本身没有明显的症状，但会导致胎儿发育受阻和分娩异常。病程后期会出现因大脑缺陷导致的双目失明、吞咽困难等症状。感染胎儿会出现四肢关节弯曲，呈蜷缩状，脊柱与头部变形等畸形，进而导致出生后的犊牛无法正常站立、呼吸和进食。

141. 赤羽病如何防治？

加强饲养管理，确保饲料和饮水的清洁，保持牛舍环境的清洁、干燥和通风，定期使用过硫酸氢钾等有效的消毒剂对圈舍进行消毒，在蚊虫活跃的季节，应加强灭蚊蝇工作，降低疾病传播的风险。引进新的牛时，应进行严格的检疫和隔离，避免引入带病毒的动物，造成交叉感染。

发病后提供充足的饲料和水，保持牛的充分休息和营养，采用抗病毒药物和抗生素治疗，密切观察牛的病情变化，及时调整治疗方案，以提高治愈率。

142. 什么是恶性卡他热？

牛恶性卡他热又称牛恶性头卡他、坏疽性鼻卡他，是由狷羚疱疹病毒Ⅰ型引发的致死性淋巴增生性传染病，以高热、呼吸道、消化道黏膜脓性坏死性为特征，本病多呈散发，病死率很高。

1~4岁的牛易感，病牛是主要的传染源，病毒主要存在于血液、分泌物和排泄物中，主要通过直接接触或接触污染的物体表面传播。该病的发生与季节、气候和地理环境等因素有关，冬季和早春季节多发。

143. 恶性卡他热诊断要点有哪些？

病牛体温急剧升高，可达到41~42 ℃，并持续数天至数周，食欲减退，精神沉郁，或昏迷，抽搐，严重时可导致死亡；口腔黏膜充血、溃疡，流涎，口臭，舌、齿龈、硬腭和咽部发生坏死性溃疡，并伴有恶臭；眼睛畏光、流泪，眼结膜充血、出血，瞳孔散大，眼角膜混浊甚至溃疡；喉、支气管和肺部呈现炎症变化，流脓性鼻液，呼吸困难、急促，严重时可能导致窒息；还会出现呕吐、腹泻、便血等症状。

144. 恶性卡他热如何防治?

加强饲养管理，根据体重、日龄等因素进行合理分群，科学配制饲料，确保饲料和饮水的清洁，提高牛的体质和免疫力，保持牛舍的清洁、干燥和通风，定期消毒，及时清理场区积水，以减少病毒滋生的环境。加强灭蚊蝇工作，特别是在病毒高发季节。对于新引进的牛，应进行严格的隔离和检疫，确保无疫病后方可混群饲养。

本病无特效药，采取对症治疗措施，如口腔护理、补液、防止继发感染等，配合中草药进行辅助治疗。局部治疗可用0.1%高锰酸钾溶液冲洗病牛的眼和鼻腔；抗感染可用磺胺甲基嘧啶或二甲基嘧啶0.2 g/kg静脉注射，每天1次；强心补液，使用10%葡萄糖溶液1 000 mL、5%小苏打溶液250 mL、10%安钠咖20 mL合用，静脉注射。

145. 什么是牛乳头状瘤病?

牛乳头状瘤病是由乳头状瘤病毒引起的肿瘤病，以皮肤、黏膜形成乳头状瘤为特征，肿瘤呈圆形或椭圆形的突起，质地柔软，表面呈乳头状。牛是主要的易感动物，特别是幼年牛和抵抗力较弱的牛更容易感染，主要通过直接接触或污染物传播，感染的途径包括皮肤损伤、黏膜接触等。

牛乳头状瘤病的发生与季节有一定的关系，通常在温暖潮湿的季节更容易发病，呈周期性或地方性流行，这可能与病毒的变异和宿主的免疫状态有关。

146. 牛乳头状瘤病诊断要点有哪些?

皮肤表面会出现多个圆形或椭圆形的突起，质地柔软，表面光滑，呈乳头状，常见于头部、颈部和躯干。随着病程的发展，这些突起会逐渐增大，变成粗糙的菜花状，有蒂或无蒂，数量为单个或多个。经4~6个月后，病灶基部发生干燥坏死，自然脱落而消失。乳房的疣呈多型性，因而常引发乳房炎。

如乳头状瘤发生感染或恶化，会导致细胞坏死和组织坏死，产生溃疡和脓性分泌物。同时，还可引起局部淋巴结肿大和炎症反应，出现疼痛、发热、食欲不振等症状。如乳头状瘤发生在牛的口腔或呼吸道中，可能会影响牛的进食和呼吸。

147. 牛乳头状瘤病如何防治？

加强饲养管理，供给营养全面丰富的饲料，确保饲料和饮水的清洁，提高牛的免疫力，保持牛舍的清洁、干燥和通风，定期对场区圈舍及用具进行清洗与消毒。对新引进的牛，应进行严格的检疫和隔离观察，确保无疫病后方可混群饲养。如果发现有牛出现疑似症状，应立即将其隔离，禁止病牛与健康牛之间的直接接触，特别是在交配和哺乳过程。

轻症病牛通常无须治疗便可治愈；症状严重时，可采用手术切除、激光治疗和局部药物注射等方法进行治疗。同时，应注意对症治疗，缓解症状，预防感染和并发症的发生。

148. 什么是牛结节性皮肤病？

牛结节性皮肤病也称为牛疙瘩皮肤病，是由牛结节性皮肤病病毒引起的以表现局限性坚硬皮肤结节为特征的急性、亚急性或慢性传染病。该病毒对外界因素具有较强的抵抗力，牛是唯一的自然宿主，各种年龄的牛均可感染，但易感性在性成熟前最高。感染牛是主要的传染源，病牛的唾液、精液、尿液、乳汁和皮肤中均含有病毒，主要通过吸血昆虫（如蚊、蝇、蠓、虻等）叮咬传播，也可以通过直接接触感染牛的皮肤、黏膜损伤处而传播，此外，摄入被污染的饲料和饮水也会感染发病。

149. 牛结节性皮肤病诊断要点有哪些？

本病自然感染的潜伏期通常为 2～5 周，病牛体温升高，可达 41 ℃以上，呈持续的稽留热型。发病初期表现为鼻炎、结膜炎、角膜炎；4～12 d 后体表皮肤出现硬实的圆形隆起的结节，直径 2～3 cm

或者更大，触摸有痛感。皮肤结节位于表皮和真皮，大小不等，可聚成不规则的肿块，最后可能完全坏死，但硬固的皮肤病理变化可能持续存在几个月甚至几年。

病牛体表淋巴结肿大，以肩前、腹股沟外、股前、后肢和耳下淋巴结最为突出，胸下部、乳、四肢和阴部常出现水肿，四肢部肿大明显，可达3~4倍。眼、鼻、口腔、直肠、乳房和外生殖器等处黏膜也可形成结节并很快形成溃疡。重度感染牛康复缓慢，可形成原发性或继发性肺炎。泌乳牛可发生乳房炎，泌乳量下降，妊娠母牛可能流产；公牛病后4~6周内不育，若发生睾丸炎则可出现永久性不育。

150. 牛结节性皮肤病如何防治?

定期接种疫苗是预防本病最有效的措施。加强饲养管理，科学规划饲养环境，合理搭配饲料，确保牛获得充足的营养，增强其体质和抵抗力。同时，保持牛舍的清洁、干燥和通风，定期消毒，在蚊蝇活跃季节，使用杀虫剂、设置防蚊设施等杀灭虫媒，降低本病发生的风险。对新引进的牛，应进行严格的检疫和隔离观察，确保无疫病后方可混群饲养。对出现疑似症状牛，应立即将其隔离，以防止病毒在牛群中的传播。

发现病牛及时隔离，并对其进行扑杀，对所有病死牛、被扑杀牛及其产品进行无害化处理。

对已破的结节采用外科方法处理，彻底清创，注入抗菌消炎药或用1%明矾溶液、0.1%高锰酸钾溶液冲洗，溃疡面涂擦碘甘油。使用抗生素和磺胺类药物注射防止继发感染。

151. 什么是牛中山病?

牛中山病曾称为牛异常分娩病，是由中山病病毒引起的牛异常分娩性疾病。临诊上以妊娠母牛产出积水性无脑或脑发育不良的犊牛为特征。

易感动物主要是牛，并以肉牛多发，奶牛及其他品种牛较少发生，病牛和带毒牛是主要传染源。传播媒介为尖喙库蠓，也可通过胎盘传染胎儿或通过脑内接种感染。该病具有明显的季节性，多流行于 8 月上旬至 9 月上旬，发生高峰在 1 月下旬至 2 月上旬。

成年牛呈隐性感染，不表现明显的临诊症状。妊娠母牛感染后则可出现异常分娩，主要表现为流产、早产、死产或产出畸形胎儿。异常分娩的犊牛除少数病例头顶部稍突起外，体形及关节不见异常，多表现为吮乳能力丧失、失明，并伴有神经症状。犊牛的成活率较低。

152. 牛中山病如何防治？

加强饲养管理，科学配比营养全面丰富的饲料，确保饲料和饮水的清洁，保持牛舍的清洁、干燥和通风，定期对场区圈舍与设施用具进行清洗与消毒，及时清理牛舍内的粪便和废弃物，并进行无害化处理。本病主要通过库蠓等吸血昆虫传播，使用杀虫剂对牛舍和周围环境进行喷洒，设置防虫设施等消灭传播媒介，降低本病发生与散播的风险。对新进牛，进行严格的检疫，确保没有携带本病毒方可混群饲养。饲养人员应增强自我防护意识，在处理病死牛和污染物时，应穿戴防护服和手套，避免直接接触。

对发病的妊娠母牛可使用清热解毒、凉血化瘀、疏风散寒的中药进行治疗，也可用干扰素等，有助于缓解症状和缩短病程。

第七章　常见细菌性疾病

153. 什么是牛结核病？

牛结核病是由牛型结核分枝杆菌引起的一种人畜共患的慢性传染病。该病潜伏期长短不一，短者十几天，长者可达数月甚至数年，四季均可发生，但在温暖季节更容易传播。牛结核病主要感染牛，但人和其他动物也可感染，不同品种、年龄和性别的牛对结核病的易感性不同，其中奶牛、黄牛、牦牛等较易感染，病牛、隐性感染牛及其分泌物、排泄物、乳汁等是主要传染源，牛在感染后通常不会立刻发病，但可隐性带菌数月甚至数年，成为长期的传染源，主要通过呼吸道和消化道传播，也可通过交配感染。

154. 牛结核病诊断要点是什么？

肺结核：本类型临床较为常见，病牛发病初期食欲、反刍无变化，常表现短而干的咳嗽，呼吸次数增多或气喘。随着病程的发展，病牛表现日渐消瘦，贫血，体表淋巴结肿大。随着病情的恶化，表现全身性的结核，即粟粒性结核。当胸膜、腹膜出现结核病灶即所谓的珍珠病，胸部听诊可听到摩擦音。

乳房结核：多数病牛乳房通常发生病变，其乳房上淋巴结肿大，无热无痛，泌乳量下降，乳汁形态初期无明显变化，严重时呈稀薄的水样。

肠结核：通常多发于犊牛，主要表现消化不良，食欲不振，顽固性腹泻，并迅速消瘦。

生殖器官结核：可导致性机能紊乱。母牛表现为发情频繁，性欲亢进，慕雄狂与不孕，孕牛流产；公牛表现为副睾丸肿大，阴茎前部可见结节、糜烂等病变。

神经结核：常表现癫痫样或运动障碍等神经症状。

155. 牛结核病如何防治？

加强饲养管理，坚持自繁自养，每年定期进行 1~2 次结核检测，对阳性病牛进行淘汰处理，逐步净化，建立健康牛群；引进新牛时，隔离观察至少 30 d，并进行 2 次结核病检测，结果为阴性者才可入群；对病牛圈舍、用具、污染物、病变组织、粪便进行无害化处理。

方案 1. 注射用丁胺卡那霉素 200 万～400 万 IU、注射用水 30 mL，分别一次肌内注射，每天 2 次，连用 5 d；异烟肼 0.8 g，一次口服，每天 2 次，可长期服用。

方案 2. 卡那霉素注射液 400 万 IU，一次肌内注射，每天 2 次，连用 5 d；对氨基水杨酸钠 80~120 g，每天 2 次，连用 5 d。

156. 什么是牛巴氏杆菌病？

牛巴氏杆菌病主要是由多杀性巴氏杆菌引起的多种家畜共患的一种传染病，其主要特征是败血症和炎性出血。

牛是巴氏杆菌病的主要易感动物，特别是犊牛、体弱牛及老牛，病牛和带菌牛是该病的主要传染源，病菌主要存在于它们的排泄物、分泌物和尸体中，主要通过消化道和呼吸道感染，也可通过破损的皮肤、蚊虫叮咬等途径传播。

该病多呈散发，也可呈地方性流行，主要在春、秋季节发病。

157. 牛巴氏杆菌病诊断要点是什么？

本病潜伏期通常为 2~5 d。临床根据病症可将其分为败血型、浮肿型和肺炎型等 3 种类型。

败血型：病牛发病初期表现高热，体温高达 41~42 ℃，随之出现全身症状，突然死亡。或表现精神沉郁、低头弓背，随着病程的发展，出现呼吸困难、脉搏加快、肌肉震颤、食欲减退或废绝，当病牛开始出现腹泻，粪便形态先如粥状，后呈水样，其中混有黏液、黏膜片及血液等，散发恶臭。病程后期，体温可能会下降，并迅速死亡。部分病例表现鼻孔、尿中有血。病程多为 12~24 h。

浮肿型：病牛除表现出全身症状外，在颈部、咽喉部及胸前的结缔组织可出现迅速扩展的炎性水肿。这些部位可能变得硬而热，并伴随疼痛。随着病情发展，可能出现呼吸困难、流涎、流泪等症状，并伴有急性结膜炎，往往因窒息而死。病程多为 12~36 h。此外，病牛的皮肤和黏膜可能发绀，并伴有腹泻和一肢或多肢发生肿胀。

肺炎型：本类型病牛主要发生呈纤维素性的胸膜肺炎症状，病期通常为 1 周左右。

158. 牛巴氏杆菌病如何防治？

加强饲养管理，每年春秋两季定期免疫接种牛巴氏杆菌灭活菌苗，确保饲料和饮水的清洁，保持牛舍的清洁、干燥和通风，配备相应的消毒设施、设备以及消毒剂，定期对环境及设备用具进行消毒，多种消毒剂混合使用或交替使用，可有效提升消毒效果，及时清理牛舍内的粪便和废弃物，并进行无害化处理。加强饲养管理员的培训，增强自我防护意识。在处理病死牛和污染物时，应穿戴防护服和手套，避免直接接触。

治疗时，针对不同的症状采取相应的治疗措施，治宜抗菌消炎，也可以配合中药治疗。

方案 1. 巴氏杆菌抗血清 80 mL，一次皮下注射；注射用头孢噻呋钠 2.5 g，一次肌内注射，每天 2 次，连用 5 d。也可用青霉素、其他头孢类抗生素、长效抗生素、复方磺胺类药物及喹诺酮类药（氧氟沙星 3~5 mg/kg 肌内注射，连用 2~3 d；恩诺沙星 2.5 mg/kg 肌内注射，连用 2~3 d），重症配合强心补液。

方案 2. 金银花、黄连、茵陈、黄芩、马勃、栀子各 50 g，山豆根、连翘、天花粉、射干、桔梗各 60 g，牛蒡子 30 g。水煎取汁，一次性灌服。

159. 什么是牛布鲁菌病?

牛布鲁菌病是由布鲁菌引起的人畜共患的接触性传染病，也称为布病。在家畜中，牛、羊、猪最常发生。牛感染后主要侵害机体的生殖系统，以母牛发生流产和不孕，公牛发生睾丸炎和不育为特征。

布鲁菌为一种革兰氏阴性、不运动、不形成芽孢和无鞭毛的短小杆菌，形态多为杆状或球杆状，单个或成对排列，大小为（0.6~0.7）μm×（1~3）μm。布鲁菌在自然环境中生存力较强，但在干燥土壤和阳光下会失去活性。在碱性、酸性、含盐量高的环境及青霉素等常见药物的浓度下，布鲁菌的抵抗力较强。该菌有A、B、C、D 4个生物型，其中牛、羊、猪的布鲁菌病主要由A型和B型引起，而C型和D型主要引起流产。

布鲁菌对热的抵抗力不强，加热易被杀死，在70 ℃时经5~20 min可被杀死，在100 ℃的水中立即死亡。在腐败的牛粪中，室温下能存活4个月左右，在牛奶和土壤中可存活18个月。在毛、皮中可生存3~4个月。对常用的消毒药都很敏感，如2%来苏尔、1%漂白粉、5%石炭酸在数分钟内即可杀死该菌。

160. 牛布鲁菌病流行特点是什么?

牛、羊、猪等家畜对布鲁菌病最易感，其中牛的易感性最高，其他动物如鹿、骆驼、马、驴、狗，以及啮齿动物等也容易感染。病畜是主要的传染源。感染后母畜在流产或分娩时，将大量布鲁菌排出体外。被感染的野生动物、昆虫、蜱等也可能是传染源。主要通过消化道传播，食用被污染的饲料、饮水或直接接触病畜、带菌动物均可感染；也可通过呼吸道传播，吸入含有病原体的尘埃或飞沫；还可通过生殖道、皮肤黏膜、昆虫叮咬等途径传播。

该病常呈地方性流行，在某一地区或某一段时间内发生流行，而在另一地区或另一段时间内则可能较稀少或完全不发生。饲养管理及环境条件对该病的传播有明显的影响，如牛群过于密集、拥挤、缺乏运动和光照等，均可能导致该病的流行。本病潜伏期为 14～180 d，平均为 60 d。

161. 牛布鲁菌病诊断要点是什么？

母牛表现为流产，通常发生在怀孕的 5～8 个月。流产前出现全身乏力、关节疼痛、消瘦等症状，阴道流出脓性黏液分泌物。流产后常伴有胎衣滞留，可能发生慢性子宫炎，导致长期不育，并可能发生子宫炎、卵巢囊肿、乳房炎等。严重病例在 1～3 个月内会死亡。

公牛可见阴茎潮红肿胀，更常见的是睾丸炎及附睾炎。急性病例睾丸肿胀疼痛，触之坚硬。临床上常见因关节炎而出现跛行。

162. 牛布鲁菌病如何防治？

加强饲养管理，确保饲料和饮水的清洁，避免使用可能污染的水源和饲料。保持牛舍的清洁、干燥和通风，及时清理牛舍内的粪便和废弃物，并进行无害化处理。根据当地疫情和兽医的建议，接种布鲁菌猪型 2 号弱毒活菌和羊型 5 号弱毒活苗，可降低感染风险。种用及奶用牛禁止免疫疫苗，如需免疫应主动向兽医主管部门进行备案。布鲁菌可通过吸血昆虫、污染的环境等传播，因此可使用杀虫剂对牛舍和周围环境进行喷洒，设置防虫设施等消灭传播媒介。引进牛时，应进行严格的检疫，确保无疫病后方可混群饲养。发现有牛出现疑似症状，应立即将其隔离，禁止在场区进行病牛解剖诊断，应及时上报兽医主管部门，按规定进行扑杀并无害化处理，同时对同群牛进行隔离与检测，以防止疾病在牛群中的传播。同时饲养人员应增强自我防护意识，在处理病死牛和污染物时，应穿戴防护服和手套，定期开展健康检查，一旦发现感染布鲁菌，应及时调离岗位接受治疗。

发现病牛应立即隔离，使用四环素类、链霉素、庆大霉素等抗生素进行治疗，对于出现高热、关节疼痛等症状的病牛，应使用解热镇痛药、镇静药等进行对症治疗，以缓解病牛的不适感。在病牛食欲不振或严重消瘦时，应给予支持疗法，如补充维生素、微量元素等，以增强病牛的抵抗力。对病牛的排泄物、污染物、流产胎儿进行无害化处理，防止病原体的传播。

163. 什么是牛炭疽病？

炭疽病是由炭疽杆菌引起的人畜共患的一种急性、热性、败血性传染病，常呈散发或地方性流行。以牛、羊等草食动物最易感染，其特征是血液凝固不良，天然孔出血，死后尸僵不全，脾脏肿大，皮下和浆膜胶样浸润。

炭疽杆菌是一种需氧或兼性厌氧、长而粗的大杆菌，菌体长为4~8 μm，宽为1~15 μm，菌体两端平削，呈竹节状长链排列，革兰氏染色阳性。在人体内有荚膜形成并具较强致病性，无毒菌株不产生荚膜。炭疽杆菌的繁殖体在适宜条件下（25~30 ℃）能形成椭圆形芽孢，位于菌体的中央或偏一端，具有很强的抵抗力。

炭疽杆菌的生命力非常强，在自然条件或在腌渍的肉中能长期生存。在土壤里可生活数十年，在皮毛上能存活数年。但炭疽杆菌对光、热、常用消毒剂都很敏感，经直接日光暴晒10 h、煮沸40 min、140 ℃干热3 h、110 ℃高压蒸汽60 min，以及浸泡于10%甲醛溶液15 min、新配5%苯酚溶液和20%含氯石灰溶液数日以上，才可将芽孢杀灭。

164. 牛炭疽病流行特点是什么？

患病动物、病死动物尸体以及污染的土壤、草地、水、饲料都是本病的主要传染源，主要通过消化道感染，食用被污染的饲料、水源或与病牛接触感染，也可通过破损的皮肤和黏膜侵入，此外，昆虫叮咬也可传播该病。牛最易感，特别是抵抗力较弱的犊牛，羊、马、驴等家畜也易感，人也可能感染炭疽病，通常通过接触病畜或处理受污染的肉类而感染。

本病全年均可发生，尤其在吸血昆虫多、雨水多、洪水泛滥的夏季，呈地方性流行或散发。

165. 牛炭疽病诊断要点是什么？

该病的潜伏期通常为 1～5 d，最长 14 d。按病程可分为最急性型、急性型和亚急性型三种。

最急性型：牛突然发病，体温升高，行动摇摆，站立不动；或突然倒卧，呼吸困难，可视黏膜发绀，口吐白沫，全身战栗，心悸；或突然倒地死亡，不表现任何症状；濒死期天然孔出血，病程为几小时，死后机体血液凝固不良，尸僵不全。

急性型：本型临床最常见，病程稍长，但病情发展迅速，病牛体温升高至 40～42 ℃，精神沉郁，反刍停止，食欲废绝，呼吸困难，黏膜发绀，出现腹泻、呕吐、出汗等症状。病初便秘，后期腹泻带血，尿中混有血液，呈暗红色。部分病例病初表现兴奋不安，顶撞人畜或物体。濒死期表现气喘，痉挛，天然孔流血，通常 1～2 d 死亡。

亚急性型：病情发展较缓，病程较长，通常会持续数天到 1 周。病牛出现发热，食欲不振，反刍减少，局部皮肤出现肿胀、疼痛等症状，初期较硬且有热痛，后变冷而无痛，中央部可发生坏死，有时可形成溃疡，称炭疽痈。在喉部、颈部、前胸、腹下、肩胛、乳房等部位的皮肤或口腔黏膜等处发生局限性炎性水肿。剖检可见其淋巴结肿大和脾脏肿大等症状。病情严重时，会出现呼吸急促、心跳加快等症状，甚至死亡。如治疗不及时可转为急性，病程长达数日至 1 周。

166. 牛炭疽病如何防治？

加强生物安全管理，场区禁止饲养犬、猫及其他动物，严格控制人员、车辆及物品出入场区，特别是进入生产区人员与物品的管控，保持场区干净卫生，定期对场区进行清洗消毒与灭鼠，夏季开展灭蚊蝇等虫媒活动，并注意降温防暑，冬季注意通风保暖。技术人员在接生、处理病牛或从事其他可能接触病牛的作业时，应穿戴防护服、口罩、手套等防护用具，以避免感染。有发病史的牛场要定期免疫接种，用无毒炭疽芽孢菌苗或炭疽芽孢 I 号菌苗皮下注射。

无毒炭疽芽孢菌苗，1 岁以下的牛 0.5 mL/头，1 岁以上的牛 1 mL/头；炭疽芽孢Ⅰ号菌苗，不论大小均每头牛 1 mL，免疫期 1 年以上。

发现病畜立即封锁疫点，疫群用抗血清和疫苗紧急预防，病畜严格隔离治疗，以抗菌消炎、清热解毒为原则，重症配合强心、补液。抗炭疽高免血清 200 mL，牛一次静脉注射，12 h 后重复一次；注射用青霉素钠 400 万 IU、注射用水 20 mL，牛一次肌内注射，羊用 80 万 IU，每天 2 次，连用 3~5 d，或 10%磺胺嘧啶钠注射液肌内注射，犊牛 20~40 mL/头，成年牛 50~100 mL/头，每天 3 次，连用 3~5 d。也可用头孢类抗生素。

167. 什么是牛气肿疽病？

气肿疽病又称黑腿病，是由气肿疽梭菌引起的一种急性、热性、败血性传染病。其特征为肌肉丰满部位发生炎性气性肿胀，肌肉呈乌黑色，用手压之有捻发音，并伴有跛行。

气肿疽梭菌是革兰氏阳性菌，具有周身鞭毛能运动，在体外可形成芽孢，属于专性厌氧菌。芽孢的抵抗力极强，在盐腌肉中可存活 2 年以上，在腐败肌肉中可存活 6 个月，在土壤中可存活 3 年以上，在液体中的芽孢可耐受 20 min 煮沸，0.2%升汞在 10 min 内杀死芽孢，3%福尔马林 15 min 杀死芽孢。

168. 牛气肿疽病流行特点是什么？

病牛是主要传染源。气肿疽梭菌可以在土壤中以芽孢形式长期存活，并随被病菌污染的饲料、饮水等途径进入牛的消化道，进而引起感染，主要通过消化道传播，也可通过受伤的皮肤和黏膜感染。黄牛、水牛、奶牛、牦牛、犏牛等均易感，任何年龄的牛均可感染，但 2 岁以下的黄牛更易感。

由于气候条件有利于气肿疽梭菌的生长和传播，本病多发生于春夏秋温暖、潮湿的季节，在低洼、湿地、沼泽地区多发。

169. 牛气肿疽病诊断要点是什么？

本病潜伏期为 2~5 d，最长 7~9 d。病牛常突然发病，病程急促，常在发病后 1~2 d 内死亡。病牛发病多为急性经过，体温升高至 40~42 ℃，精神沉郁，食欲和反刍停止，呼吸困难，脉搏细速。发病早期出现跛行，随后在腿上部、臀部、腰部、后肢上部、颈部及胸部肌肉较多部位发生肿胀。患部皮肤干硬，呈暗红色或黑色，有时形成坏疽。触诊有捻发音，叩诊有明显鼓音。切开患部，从切口流出污红色带泡沫并有酸臭味的液体。严重的病牛因呼吸困难而死亡。病程通常为 1~3 d，最长可达 10 d。

170. 牛气肿疽病如何防治？

定期接种气肿疽、巴氏杆菌病二联疫苗是预防本病的有效措施，同时，加强生物安全管理，场区禁止饲养犬、猫及其他动物，严格控制人员、车辆及物品出入场区，特别是进入生产区人员与物品的管控，保持场区干净卫生，定期对场区进行清洗消毒与灭鼠，夏季开展灭蚊蝇等虫媒活动，并注意降温防暑，冬季注意通风保暖，产犊、断尾、剪毛、去势等引起的创伤要及时消毒。

早期病例治宜抗菌消炎、强心解毒。

方案 1. 抗气肿疽高免血清 200 mL，牛一次静脉注射，间隔 12 h 再用 1 次；注射用青霉素钠 800 万 IU、注射用水 30 mL，一次肌内注射，每天 2 次，连用 5 d。

方案 2. 5%碳酸氢钠注射液 500 mL、1%地塞米松注射液 3 mL、10%安钠咖注射液 30 mL、5%葡萄糖生理盐水 3 000 mL，一次静脉注射（碳酸氢钠与安钠咖分开注射）。

方案 3. 当归、赤芍、连翘各 30 g，双花 60 g，甘草 10 g，蒲公英 120 g，共为末，一次开水冲服。

方案 4. 紫草 60 g，黄柏、栀子、黄芩、白芷、黄连各 30 g，升麻（焙焦）、甘草各 10 g，共为末，一次开水冲服。

171. 什么是牛恶性水肿?

牛恶性水肿是由以腐败梭菌为主的多种梭菌引起家畜的急性传染病。特征为局部创伤发生急性炎性水肿，并伴有发热和全身毒血症。该病的病原主要为腐败梭菌、水肿梭菌、产气荚膜梭菌等。

牛、马、羊等家畜均可感染，其中牛最易感。病牛、隐性感染牛及被病菌污染的饲料、饮水、垫料等是主要传染源，主要通过创伤感染，如去势、断尾、分娩、外科手术等伤口，是梭菌侵入的主要途径。

本病四季均可发生，特别是温暖、潮湿的春秋两季。呈散发或地方性流行，潜伏期通常为1~5 d，病程通常较短，若不及时治疗，常在发病后1~3 d内死亡。

172. 牛恶性水肿如何诊治?

病牛患部初期坚实、灼热、疼痛，后变无热、无痛、手压柔软，有捻发音。切开肿胀部，皮下和肌间结缔组织内有多量淡黄色或红褐色液体浸润并流出，有少数气泡，具有腥臭味。创面呈苍白色，肌肉暗红色。随着病情的发展，病牛全身症状加重，表现高热（41~42 ℃）稽留，呼吸困难，脉搏细速，眼结膜充血发绀，偶有腹泻，多在1~3 d死亡。母牛若经分娩感染，则在2~5 d内流出红褐色恶臭液体，黏膜潮红增温，并迅速蔓延至腹下、股部，以致发生运动障碍和前述全身症状。公牛因去势感染时，多在2~5 d内腹下发生弥漫性气性炎性水肿，腹壁知觉过敏，与此同时也伴有前述全身症状。全身淋巴结肿大，切面呈红色或紫红色，有出血点。心脏、肾脏等器官可能发生变性或坏死。

对病牛尽早隔离治疗，以防止病情恶化与传播，对其他牛进行紧急预防接种。病牛使用抗菌消炎、强心补液、缓解酸中毒等药物进行治疗。

方案1. 0.1%高锰酸钾溶液或3%双氧水适量，碘仿磺胺合剂30 g，扩创冲洗，清创后撒入碘仿磺胺。

方案2. 注射用青霉素钠240万IU、注射用丁胺卡那霉素200万IU、注射用水20 mL，病灶周围注射。

方案3. 注射用头孢噻呋钠2.5g、5%葡萄糖注射液300 mL、25%维生素C注射液20 mL、5%碳酸氢钠注射液500~1 000 mL、5%葡萄糖生理盐水3 000 mL，一次静脉注射，每天1次，连用3 d（头孢噻呋钠、维生素C、碳酸氢钠分开注射，也可用头孢曲松钠代替头孢噻呋钠）。

方案4. 蒲公英120 g，赤芍、连翘、当归各30 g，金银花60 g，共为细末，开水冲调，候温一次性灌服。

173. 什么是牛破伤风？

牛破伤风又名强直症，是由破伤风梭菌引起的急性、中毒性人畜共患传染病，以全身肌肉强直性收缩为特征。破伤风梭菌是一种专性厌氧菌，属于革兰氏阳性菌。该菌的繁殖体抵抗力较弱，在适宜条件下能形成芽孢，并可在土壤、粪便、内脏器官中存活多年。该菌具有强耐热性，100 ℃煮沸需20 min才能杀死芽孢。在动物体内，破伤风梭菌可产生破伤风溶血毒素和破伤风痉挛毒素，后者是引起破伤风的主要毒素。

牛是破伤风的主要易感动物，任何年龄、性别和品种的牛均可感染，幼畜和老龄牛的抵抗力相对较弱，更易感染，主要传播途径是伤口感染，例如在去势、断脐、剪耳、外科手术等过程中，如果伤口处理不当，易感染破伤风梭菌。

本病在世界各地均有发生，流行情况在地区之间存在差异，无明显的季节性，但雨季和潮湿季节可导致环境中细菌数量增加，从而增加感染风险。在转舍、运输、过度拥挤和其他环境应激因素下，更易发病。

174. 牛破伤风如何诊治？

牛破伤风潜伏期通常为1~2周。病牛发病时牙关紧闭，嘴巴难以张开，舌部无法正常伸出，对光线敏感，怕光，常立于避光处；

食欲下降，呼吸和心跳加速，体温可能升高，消化系统受影响，常常便秘；最终出现角弓反张、窒息、酸中毒等症状，严重时可能导致死亡。

发病后，注射破伤风抗毒素 90 万~120 万 IU。及时扩创、清创，扩创后用1%高锰酸钾溶液或双氧水冲洗，创腔周围分点注射青霉素 240 万~400 万 IU，0.5%普鲁卡因溶液 100~150 mL，1 天 2 次，连用 5~7 d。同时对症治疗如解痉镇静（25%硫酸镁注射液 100~120 mL、0.9%氯化钠注射液 2 000mL，一次静脉注射，或用氯丙嗪、安定肌内注射）、缓解酸中毒（5%碳酸氢钠注射液静脉注射，每头牛1 000~2 000 mL）、利尿与通便（便秘时用泻药缓泻，排尿障碍时用利尿药利尿）等；也可以配合针灸治疗，针灸颈脉、风门、伏兔、百会、开关。针法：初期放颈脉血，其余穴火针。

175. 什么是牛放线菌病？

牛放线菌病是由牛放线菌和林氏放线菌引起的一种慢性传染病，其特征为下颌骨出现放线菌肿，又叫大颌病。该病的病原主要是牛放线菌和林氏放线菌，主要侵害牛的骨骼和皮肤及软组织器官，如舌、乳腺和肺等。

患病动物是主要的传染源，放线菌存在于土壤、饲料和饮水中，寄生于动物的口腔和上呼吸道中，主要通过感染源如病畜的体液、排泄物和分泌物等间接传播，也可通过呼吸道、皮肤损伤等途径感染，还可通过血吸虫传播。牛、羊、鹿等动物均可感染发病，但牛的易感性最高，尤其是 2~5 岁的牛最易感。

该病在我国各地均有发生，其中北方地区发病较为常见，四季均可发生，主要发生于 2~4 月和 9~11 月之间，尤其是夏秋季节大量饲喂麦糠、花生秸秆等干硬饲料时，易造成口腔黏膜损伤而感染。此外，发生牛流行热、腮腺炎等全身性疾病也易继发本病。

176. 牛放线菌病如何诊治？

发病后，治宜切开或切除硬结，处理创腔，抗菌消炎。

方案 1. 10%碘仿醚或 2%鲁戈氏液适量，于伤口周围分点注射，创腔涂碘酊。

方案 2. 碘化钾 5~10 g，成牛一次口服，犊牛用 2~4 g，每天 1 次，连用 2~4 周。重症可用 10%碘化钠 50~100 mL 静脉注射，隔日 1 次，连用 3~5 次。如出现碘中毒现象，应停药 7 d。

方案 3. 注射用青霉素钠 240 万 IU、注射用丁胺卡那霉素 100 万 IU、注射用水 20 mL，溶解后，患部周围分点注射，每天 1 次，连用 5 d。

方案 4. 芒硝 90 g（后冲），郁金、连翘、黄连、大黄、生地黄、黄芩、栀子、玄参各 45 g，甘草 24 g，水煎，一次性灌服。

对于严重病灶，可实施切除手术。先将硬结部周围的干草、谷糠等饲草浸湿，避免刺伤皮肤、黏膜，手术过程中要避免损伤口腔、呼吸道等部位，并保持术部清洁，术后应定期对创腔进行清洗、消毒和换药，直至伤口愈合。

177. 什么是牛肺疫？

牛肺疫又名传染性胸膜肺炎，俗称烂肺疫，是由牛型丝状霉形体引起的一种接触性传染病，以浆液性纤维素性胸膜肺炎为特征。

丝状霉形体革兰氏染色阴性，多存在于病畜肺组织、胸腔渗出液和气管分泌物中，也可见于病畜的肠道、胆管、子宫等部位。该病菌具有多形性，包括球形、椭圆形、环形等多种形态，且在病变过程中容易发生变形。对环境因素的抵抗力较弱，如阳光、高温、干燥等都可使病菌迅速丧失活力，常用的消毒剂均可杀死，高温立即死亡。

各种牛均易感，不感染人和其他动物，3~7 岁的牛更容易受到侵害，犊牛发病率较低。病牛是本病的主要传染源，特别是临床健康或经治疗无临床症状的带菌牛对健康牛的威胁更大，主要通过呼吸道感染，也可经消化道或生殖道感染。该病常年可发生，但以冬春两季多发。非疫区常因引进带菌牛而呈暴发性流行，老疫区因牛对本病具有不同程度的抵抗力，发病缓慢，通常呈亚急性或慢性经过，往往呈散发性。

178. 牛肺疫如何诊治？

病初牛体温上升，高达39~40℃，短促干咳，食欲减少，反刍迟缓，逐渐消瘦。中期体温升高至40~42℃，呈稽留热型，呼吸困难，有明显的腹式呼吸，胸部按压有痛感，牛不愿卧地，前肢开张，胸壁伸展，肋间下陷；听诊有湿啰音、支气管呼吸音和摩擦音；口鼻流出黏液性或脓性分泌物。后期胸前、腹下等处水肿，腹泻与便秘交替发生，最终因呼吸极度困难导致窒息而死。

发现病牛及时隔离，并按相关规定立即上报兽医主管部门，对尸体和污染物作无害化处理，被污染的牛舍、用具进行彻底清洗与消毒，防止疫情扩散。

病牛隔离治疗，以抗菌消炎为原则。

方案1. 注射用头孢噻呋钠2.5 g、5%葡萄糖注射液2 000 mL，一次静脉注射，每天1次，连用5 d。

方案2. 注射用丁胺卡那霉素200万IU，肌内注射，每天2次，连用5~7 d。

方案3. 紫花地丁90 g，黄芩、苦参、生石膏各60 g，甘草18 g，共研细末，开水冲调，一次性灌服，每天2次。

179. 什么是牛传染性角膜炎？

牛传染性角膜炎又叫红眼病，其特征是眼结膜和角膜发生明显的炎性症状。本病病原主要包括牛摩勒杆菌、立克次体、支原体、衣原体和某些病毒等，牛摩勒杆菌是最主要的病原之一，属于革兰氏阴性杆菌，主要存在于病畜的眼部，该病菌的抵抗力较弱，正常浓度的消毒剂即可将其杀死。

牛是主要的易感动物，尤其是犊牛和青年牛，病牛是本病主要的传染源，通过直接接触或污染物进行传播，也可通过昆虫叮咬而传播。该病具有一定的季节性，通常在天气炎热、湿度较高的季节容易发生和传播。潜伏期通常为2~7 d，病程通常为10~20 d。

180. 牛传染性角膜炎如何诊治？

病牛初期患眼畏光、流泪，眼睑肿胀，角膜凸起，周围血管充血，结膜和瞬膜红肿，角膜上发生白色或灰白色小点，角膜出现混浊；严重者角膜增厚，发生溃疡。发病初期常为一只眼患病，后为双眼感染。病牛通常无全身症状，出现体温升高、食欲不振、精神萎靡等症状。多数病牛可自然痊愈，部分会形成角膜翳。如果治疗不及时或不彻底，可导致视力障碍等后遗症，严重者可导致失明。

立即隔离治疗病牛，加强护理，补充营养，避免强光照射，严防病牛发生摩伤、碰伤而加剧眼病。

治宜局部清洗消毒，抗菌消炎。

方案 1. 2%硼酸溶液 100 mL、金霉素眼膏 10 g，先用硼酸溶液冲洗，后用金霉素点眼，每日 1~2 次。严重感染时，可静脉注射四环素 100 万~200 万 IU/头，每天 1 次，连用 2~3 d。也可用 0.1%雷佛奴尔溶液洗眼，红霉素眼膏、青霉素眼药水点眼。

方案 2. 注射用青霉素钠 40 万 IU、1%普鲁卡因注溶液 3 mL、0.5%氢化可的松注射液 2 mL，一次结膜内注射，或加水 500 mL 煮沸 20 min，滤液点眼。

方案 3. 2.5%醋酸氢化泼尼松注射液 5 mL，患侧太阳穴注射，隔周注射 1 次。

方案 4. 5%碘化钾注射液 50 mL，一次静脉注射，每天 1 次，连用 5 d。

方案 5. 蒲公英 600 g，金银花 150 g，加水 1 000 mL，煎成 500 mL，过滤，取滤液点眼。

方案 6. 石决明散：石决明 30 g，白药子、蝉蜕、草决明、龙胆草、黄芩、栀子、大黄、白菊花各 20 g，共为细末，开水冲调，一次性灌服。

181. 什么是牛副结核病？

牛副结核病是由副结核分枝杆菌引起的一种慢性增生性肠炎，

其特征是出现卡他性肠炎。病牛表现为进行性消瘦，间歇性或持续性下痢。副结核分枝杆菌是一种革兰氏阳性小杆菌，对外界环境的抵抗力较强。

牛是副结核分枝杆菌的主要宿主，幼年牛最易感，病牛和隐性感染牛是主要传染源，其粪便和尿液中可排出大量病菌污染草料、饮水和环境，牛常因采食了被污染的饲料和水经过消化道感染。本病无明显季节性，但常发生于春秋两季，呈散发，有时可呈地方性流行。

182. 牛副结核病如何诊治？

病牛食欲不振，被毛粗糙无光，逐渐消瘦，步态不稳，眼窝下陷，顽固性腹泻是临床最典型的症状，粪便稀薄如水，有时带血和泡沫，脱水严重，最后衰竭死亡。患病母牛产奶量可能会下降。病程 3 个月以上，最长可达 1~2 年。病牛表现特征性的慢性增生性肠炎，肠壁增厚、僵硬，肠黏膜充血、水肿，并伴有大量淋巴细胞和浆细胞浸润。

治宜抗菌消炎，止泻。

方案 1. 磺胺脒 20~30 g，一次口服，每天 2 次，连用 5 d，首次量加倍。

方案 2. 硫酸镁 15 g、0.1%稀硫酸 150 mL、常水 350 mL，配成溶液后取 30 mL，再加水 250 mL，一次口服，每天 1 次。

方案 3. 磺胺脒 30 g、次硝酸铋 15 g，一次口服，每天 2 次，连用 5~7 d。

方案 4. 乌梅散：党参 60 g，茯苓、白术、乌梅、黄芩各 45 g，白芍、干柿、黄连、姜黄、诃子、双花各 30 g，水煎候温灌服。（中西医结合疗效更好些，也可用氯苯酚嗪、按 1 kg 体重 60 mg 用药）

183. 什么是牛坏死杆菌病？

牛坏死杆菌病是由坏死杆菌引起牛的趾间及其周围软组织变性坏死的一种慢性传染病。临床上多见皮肤、皮下组织和消化道黏膜等组织坏死，也可在内脏形成转移性坏死灶。

坏死杆菌是一种多形性小的革兰氏阴性杆菌，无鞭毛，不形成芽孢，对外界环境的抵抗力不强，对酸和消毒药敏感，常用的消毒剂如0.1%高锰酸钾、1%来苏尔、1%福尔马林等均可杀死本菌。

牛、羊、马、猪、鸡和鹿等家畜、家禽和野生动物均易感，其中牛的易感性较强，病牛是本病的传染源，病菌可随病灶的分泌物和坏死组织排出，污染环境、饮水、饲料等，通过损伤的皮肤、黏膜和消化道感染，新生牛犊可经脐带感染。该病常呈地方性流行，多发生于潮湿、炎热季节，拥挤、通风不良、阴雨天、泥泞、粪尿污染等因素均可诱发本病，发病率和死亡率较高。本病潜伏期病程长短不一，常因发病部位不同而有所差异，通常为2~5 d。

184. 牛坏死杆菌病如何诊治？

病牛皮肤、皮下组织和消化道黏膜等部位发生坏死，产生溃疡和脓肿，并伴有恶臭的分泌物。成年病牛喜卧，跛行，蹄肿大，趾间或蹄后部坏死、溃烂，严重者可导致蹄匣脱落，溃疡灶充满灰黄色恶臭脓汁和污黑的臭水。犊牛表现为坏死性口炎，又称为白喉，病初犊牛体温升高，食欲不振，精神萎靡，有时咳嗽，呼吸困难；齿龈、舌、上腭、颊内面及喉头有界限明显的硬肿，上覆盖坏死物质，坏死物质脱落后可见溃疡灶。

轻症病牛可采取普通治疗，如适当饮水、进食流质食物等，用0.1%高锰酸钾溶液、2%来苏尔或10%硫酸铜溶液彻底清洗患部，清除创内坏死组织后，涂抹抗菌药，包扎后置于干燥清洁的厩舍进行精心护理；腹泻、呕吐症状严重的病牛，应及时通过静脉补充生理盐水、葡萄糖溶液等方式进行治疗；混合细菌感染的病牛，可使用阿莫西林、头孢曲松钠等抗生素进行治疗，同时配合补液、解毒、强心等对症治疗。

185. 什么是犊牛大肠杆菌病？

犊牛大肠杆菌病又称犊牛白痢，是由一定血清型的大肠杆菌引起的一种急性传染病，多发生于2周龄以内的初生犊牛，分为败血型、肠毒血型和肠炎型。

大肠杆菌属于条件性致病菌，革兰氏阴性菌，无芽孢，多数具有鞭毛，对外界不利因素的抵抗力不强。

初生犊牛（15日龄以内）是该病的主要易感动物，尤其是饲养管理不良、卫生状况差、消毒不严格的牛场或者牛舍中的犊牛容易发病，患病犊牛、带菌母牛以及污染的环境是该病的主要传染源，主要通过消化道传播，如污染的饲料、饮水、用具等，子宫内感染和脐带感染也是该病的传播途径之一。

本病潜伏期很短，仅几小时，具有明显的季节性，多发生于春秋两季，冬季也有发生。在饲养管理不良、气候突变、阴雨潮湿、过度拥挤等条件下，该病的发病率和死亡率均会升高。在某些情况下，该病的死亡率甚至可以达到80%~100%。

186. 犊牛大肠杆菌病诊断要点有哪些？

临床分为败血型、肠毒血型和肠炎型。

败血型：病犊牛表现发热，精神不振，食欲减退或废绝，间有腹泻，可能出现呼吸困难、咳嗽、四肢僵硬等肺炎或脑炎症状。常于症状出现后数小时内急性死亡。有的发病犊牛未见腹泻即死亡。

肠毒血型：病牛表现典型的不安、兴奋等中毒性神经症状，随着病程的发展表现精神沉郁、昏迷，以至于死亡；病程很短，通常在发病后几小时内死亡。

肠炎型：病初体温升高至40~41 ℃，数小时后开始下痢，体温降至正常；粪便初为黄色粥样，后呈粥样或水样，有时带有黏液、血液和气泡。发病犊牛肛门失禁，常有腹痛；严重时，病犊可能会出现脱水、酸中毒和败血症等症状，最终死亡。

187. 犊牛大肠杆菌病如何防治？

母牛和犊牛定期接种大肠杆菌疫苗，以提高其免疫力。加强饲养管理，确保孕牛能够得到足够的营养，包括维生素、蛋白质和优质干草，以增强胎儿的抵抗力。同时，保持犊牛舍的清洁、干燥和通风良好，定期对牛床、牛栏、运动场、食槽、乳桶和吸嘴等进行清洗和消毒，及时清理粪便和排泄物。产房应做好消毒工作，母牛分娩前后应保持乳房清洁。在接产过程中，母牛的外阴部、接产用具、助产人员的手臂等进行清洗消毒。脐带的断端用碘酊浸泡 1 min 进行消毒。犊牛产后 2 h 内必须喂初乳，初次喂养量宜稍大些。

本病的治疗原则是抗菌、补液、调节胃肠机能和调整肠道微生态平衡。对于病情严重的犊牛，应及时采用强心补液等措施进行抢救。

选择氟苯尼考、土霉素、青霉素、链霉素等抗生素注射液肌内注射，每天 2 次，同时静脉注射 5%葡萄糖生理盐水或复方氯化钠液 1 000~1 500 mL。发生酸中毒时，可用 5%碳酸氢钠液 80~100 mL 补液，补液前应加温，减少对肠管刺激，速度宜慢。调节胃肠机能紊乱时可用乳酸 2 g、鱼石脂 20 g，加水 90 mL 调匀，每次灌服 5 mL，每天 2~3 次。也可以选择清热解毒、燥湿止痢的中药制剂如白头翁散、白龙散、杨树花口服液等治疗或辅助治疗。病愈后内服调整肠道的微生态制剂。

188. 什么是牛钩端螺旋体病？

牛钩端螺旋体病是由钩端螺旋体引起的一种人畜共患的急性传染病，以短期发热、黄疸、尿血、出血、流产及皮肤黏膜坏死为特征。本病分为急性型、亚急性型和慢性型三种类型。

本病具有一定的季节性，多发于夏秋季节，可能与气温、湿度、降水量等因素有关。牛、羊、猪、犬等动物均可感染钩端螺旋体，其中牛的感染率较高。幼龄动物对该病更为敏感，易感性较高。病牛和带菌动物是该病的主要传染源，主要通过接触污染源或摄入污染的水、食物而感染，也可通过损伤的皮肤、黏膜传播。

189. 牛钩端螺旋体病如何诊治？

急性型：多见于犊牛，体温突然升高到 40~41.5 ℃，呈稽留热，食欲废绝，精神萎靡，心跳加快，呼吸困难，可视黏膜黄染，有出血斑点，排出红色的血红蛋白尿，腹泻，常于1 d内窒息死亡。

亚急性型：病初体温升高至39~40.5 ℃，精神沉郁，食欲和反刍停止，可视黏膜黄染。奶牛产奶量迅速减少，乳房松软，乳汁初黄后红，常混有小血块。腹泻或便秘，排出红色血红蛋白尿。孕牛有的流产。有的病牛口腔黏膜、乳房和外生殖器的皮肤发生坏死。病程5~20 d。

慢性型：病牛体温呈间歇热，食欲减少，呼吸浅表，发热时贫血加重，黄疸和尿血时隐时现，反复发作，黏膜坏死，逐渐消瘦。病程3~5个月或更长。

钩端螺旋体多价苗免疫接种是预防本病的重要措施，疑似病牛可在饲料中添加四环素类等药物进行群体治疗，病牛治宜抗菌消炎。

方案1. 注射用丁胺卡那霉素200万IU，一次肌内注射，每天2次，连用3~5 d。

方案2. 注射用头孢噻呋钠2.5 g、5%葡萄糖生理盐水2 000 mL，一次静脉注射，每天1次，连用5 d。也可用金霉素、林可霉素、青霉素（大剂量）及磺胺类药物，配合静脉注射葡萄糖、维生素C、维生素K及强心利尿剂。

190. 什么是牛沙门菌病？

牛沙门菌病又称牛副伤寒，以败血症、毒血症或胃肠炎、腹泻、孕牛流产为特征。本病潜伏期通常为1~3周，四季均可发生，夏秋季节更容易传播，通常以散发性或地方性流行的形式出现，但在不良的饲养管理条件下也可能发生较大规模的暴发。犊牛易感，病牛和带菌牛是本病的传染源，通过消化道和呼吸道感染，亦可通过病牛与健康牛的交配或病牛精液人工授精而感染。

191. 牛沙门菌病如何诊治？

犊牛最急性型：表现有菌血症或毒血症症状，其他表现不明显，发病2~3 d内死亡。

犊牛急性型：体温升高到40~41 ℃，精神沉郁，食欲减退，继而出现胃肠炎症状，排出黄色或灰黄色、混有血液或假膜的恶臭糊状或液体粪便，有时表现咳嗽和呼吸困难。

犊牛慢性型：除有急性个别表现外，可见关节肿大或耳朵、尾部、蹄部发生贫血性坏死，病程数周至3个月。

病理解剖变化以脾大最明显，通常肿大2~3倍，呈紫红色。真胃、小肠黏膜有弥漫性小出血点，肠道中有覆盖痂膜的溃疡。慢性病例主要表现于肺、肝，肺尖叶、心叶实变（肉变），与胸肋膜粘连，肝有坏死灶。

成年牛：多见于1~3岁的牛，病牛体温升高到40~41 ℃，持续时间较长，精神沉郁，食欲减退，咳嗽，呼吸困难，眼结膜发炎，腹泻，粪便带血和有纤维素絮片，恶臭。病牛脱水消瘦，或表现跗关节炎，腹痛，但经24 h这些症状即可减退。

沙门菌多价疫苗接种是预防本病最为有效的措施。发病后可选用敏感的抗生素进行治疗，如庆大霉素、氨苄西林、卡那霉素、恩诺沙星、氟苯尼考等，配合补充体液和电解质等对症治疗。

192. 什么是牛传染性脑膜炎？

牛传染性脑膜炎又称牛传染性血栓栓塞性脑膜脑炎，是由昏睡嗜血杆菌引起牛的一种急性败血性传染病。该病具有多种病型，以血栓性脑膜炎、呼吸道感染和生殖道疾病较为多见，主要发生于育肥牛，奶牛、放牧牛也可发病。

不同品种、性别和年龄的牛均易感，特别是3~8月龄的牛，病牛是主要的传染源，病菌可随分泌物、排泄物等排出体外，通过直接接触或呼吸道、消化道、生殖道等途径传播，昆虫叮咬、皮肤伤口等也可能成为传播途径。

本病呈地方性流行，多发生在秋冬、早春季节，气候变化、饲养管理不良、环境卫生差、过度拥挤、运输疲劳等因素可诱发该病。

193. 牛传染性脑膜炎诊断要点有哪些?

临床常见的有呼吸道型、神经型及生殖道型等类型。

呼吸道型：病牛出现高热、呼吸困难、咳嗽、流泪、流鼻液、纤维素性胸膜炎等症状。

神经型：病牛前期出现精神沉郁、食欲废绝、运动失调、转圈、伸头、伏卧等症状。后期可能出现角弓反张和痉挛，常于短期死亡。有的牛甚至无先兆临诊症状突然死亡。

生殖道型：母牛感染后出现阴道炎、子宫内膜炎、流产及空怀期延长、屡配不孕等症状。感染母牛所产犊牛发育障碍，出生后不久死亡。公牛感染后通常不引起生殖道疾病，偶尔可引起精液质量下降而不育。

除上述 3 型外，也会出现其他如乳房炎、关节炎、耳炎、心肌炎等临床症状。

194. 牛传染性脑膜炎如何防治?

新生犊牛接种牛脑膜炎病毒疫苗是预防此病的关键。平时加强饲养管理，产犊时应注意消毒操作，减少感染风险。保持场区干净整洁，并定期对场区、用具进行消毒，及时清理粪便，并无害化处理，采取措施控制蠓虫的繁殖和传播。对有病症的牛要及时隔离治疗或扑杀，以防止疾病的扩散。

发病早期使用抗生素和磺胺类药物治疗，效果较佳，但如出现神经症状，则抗菌药物治疗无效。病牛治宜消除病因，降低颅内压，消炎解毒。

方案 1. 20%甘露醇注射液 750 mL、10%葡萄糖注射液 1 000 mL、10%磺胺嘧啶钠注射液 200 mL、1%地塞米松注射液 4 mL，一次静脉注射，每天 1 次。也可用青霉素代替磺胺嘧啶。有兴奋症状时，用 25%硫酸镁静脉注射。

方案 2. 朱砂散加减：朱砂 10 g，茯神、栀子、黄芩各 45 g，黄连 30 g，远志 35 g，郁金 40 g，水煎去渣。冷后加蛋清 100 mL、蜂蜜 120 mL 混合，一次性灌服。

方案 3. 天麻散加减：天麻、防风、僵蚕、白芍各 45 g，夏枯草、钩藤、黄芩各 40 g，川芎、天竺黄、蝉蜕、甘草各 30 g，石膏 100 g，水煎，候温一次性灌服。

方案 3. 针灸太阳、鹘脉、蹄头、耳尖、山根、尾尖。针法：血针。

195. 牛钱癣病如何诊治?

牛钱癣病主要是由毛癣菌属或小孢子菌属的真菌引起的一种皮肤真菌感染性传染病，又称脱毛癣、秃毛、匍行疹和皮肤霉。本病潜伏期为 2~4 周。

牛是该病的易感动物，其中犊牛比成年肉牛更容易感染，其他动物也可能感染，但感染概率相对较低，主要通过直接接触或与病牛的分泌物、排泄物接触而传播，也可能通过污染的用具、饲槽或经饲养人员而感染。

病牛表现为瘙痒、疼痛、日渐消瘦。发病初期仅出现呈豌豆粒大小的结节，真皮水肿、充血并伴有炎症，逐渐向四周呈环状蔓延，呈现界限明显的秃毛圆斑，形如古钱币，出现在牛的眼睑、唇部、耳部和面颊，以及胸前部、颈部和臀部。随着病情的进展，患部皮肤可能发生破损和化脓。

治疗时，先刮去或刷去病变部位的痂皮，然后剪去周围的被毛，用温肥皂水或温盐水浸软后洗去，再涂擦抗真菌药物，如 10%水杨酸乙醇、10%碘酒溶液等，也可选择使用中药涂抹。对于全身感染的病例，应进行全身性用药治疗。

第八章 常见寄生虫性疾病

196. 什么是牛附红细胞体病？

牛附红细胞体病是由于附红细胞体寄生在动物血液里，附着在红细胞表面或游离在血浆中而引起的一种人畜共患病，以高热、贫血、黄疸为特征的一种血液传染性疾病，奶牛发病较为严重。该病原体具有较弱的抵抗力，如100 ℃沸水中经过1 min就会死亡，60 ℃水中经过1 min就会停止运动，且大部分消毒药物都能够使其快速死亡。

本病常发生于夏秋温暖季节，寒冷季节较少发生，各种年龄的牛都可能感染附红细胞体，但成年牛更容易发病，传播途径主要包括直接接触、血液、媒介昆虫和垂直传播等。此外，其他动物如羊、猪、犬等也可能感染该病。

197. 牛附红细胞体病如何诊治？

本病的潜伏期为6~10 d，有的长达40 d。感染后多呈隐性经过，当受环境及其他疫病因素应激作用时会突然发病。急性发病牛临床表现为高热，体温达41 ℃，呼吸加快，心悸。慢性发病牛表现体温升高，通常在40 ℃左右，持续时间较长，可达数天至数周。精神沉郁，贫血，可视黏膜苍白或黄染，皮肤发黄，营养不良，呼吸急促，腹泻或便秘，大便带血及黏膜出血。断奶犊牛发病主要表现为高热。母牛会出现乳房炎、流产、早产、死胎等症状。

发病后可使用贝尼尔、四环素类等药物进行治疗，四环素8 mg/kg，静脉注射，2次/d，连用3 d；或注射用强力霉素500万IU、注射用水50 mL，一次肌内注射，每天1次，连用3~5 d。贝尼尔5 mg/kg，肌内注射，1次/d，连用3 d。同时，配合补液、强心、消炎、健胃、增强机体抵抗力的治疗措施。同时采用螨净、双甲脒溶液，按照说明配液，牛体表及周围环境喷洒灭蜱。

198. 什么是牛肝片吸虫病？

牛肝片吸虫病是肝片吸虫寄生于牛肝脏胆管中的一种人畜共患病，可引起急性或慢性肝炎和胆管炎，并伴发全身性中毒现象和营养障碍。

本病常在春季和夏季高发，经口、皮肤和子宫等感染，当饲养密度大、缺乏营养、抵抗力降低时也容易导致感染。

199. 牛肝片吸虫病如何诊治？

本病多呈慢性经过，成年牛临床症状通常不明显，犊牛症状较为典型。病牛体温升高，通常不会超过 40 ℃，食欲减退，反刍异常，或者出现喜食泥土、杂草等异常的食欲偏好；由于该虫寄生于肝脏和胆管内不断吸取血液和营养，病牛逐渐贫血与消瘦，被毛变得粗糙、干燥、无光泽，腹痛；由于胆管阻塞导致胆色素代谢障碍，出现黄疸，表现为皮肤发黄；继而出现瘤胃臌胀或前胃弛缓，腹泻、便秘；母牛不孕或流产；奶牛产乳量下降，如不及时治疗，可因病情恶化而死亡。同时也可继发感染化脓棒状杆菌、组织滴虫等疫病。在病程后期，病牛可能出现四肢、眼睑等部位水肿。

治疗时可使用硫双二氯酚、溴酚磷、丙硫咪唑等驱虫药。硫双二氯酚 80~100 mg/kg，灌服；溴酚磷 12 mg/kg，灌服，对成虫和幼虫均有良好的驱杀效果，可用于治疗急性病例；丙硫咪唑10 mg/kg，灌服，对成虫有良效，但对幼虫效果较差。也可以使用中药制剂治疗或辅助治疗。

【处方 1】贯众 50 g，槟榔、鹤虱、大黄各 3 0 g，龙胆、泽泻各 12 g。

【用法】共研末加温水冲服。

【说明】适用于病初，以杀虫为主。

【处方 2】肝蛭散：苏木、槟榔、龙胆草、茯苓各 30 g，贯众

45 g，木通、泽泻、肉豆蔻、厚朴、甘草各20 g。

【用法】共为末，一次温水调服。

对食欲不振、消化不良的牛，需要补充葡萄糖、补液盐等。

200. 什么是牛前后盘吸虫病？

牛前后盘吸虫病是由前后盘科的吸虫寄生于牛瘤胃和胆管壁上引起的一种吸虫病。该病主要在夏秋两季发生，多见于放牧的牛，尤其是水牛，主要是通过吞食含有囊蚴的水草传播。感染该病的牛出现消瘦、颌下水肿、黏膜苍白等症状，严重时可能出现腹泻、血便、全身衰竭等严重病症，甚至死亡。

201. 牛前后盘吸虫病如何诊治？

病牛体温有时升高，食欲减退，消化不良，体重下降，消瘦，贫血，黏膜苍白，心跳加快，全身无力，颌下水肿，腹部肿胀等。主要表现为顽固性腹泻，粪便腥臭，或便血呈现红色或暗红色；严重时出现兴奋、痉挛、麻痹等神经症状，还可出现呼吸困难、咳嗽等症状；后期则可能因极度消瘦衰竭死亡。

治疗时可使用氯硝柳胺75～80 mg/kg，灌服；硫双二氯酚80～100 mg/kg，灌服；溴羟替苯胺65 mg/kg，制成悬浮液后灌服。

202. 牛胰阔盘吸虫病诊断要点有哪些？

胰阔盘吸虫病是由胰阔盘吸虫寄生于反刍动物的胰管内而引起贫血和营养障碍的一种寄生虫病，主要症状为消化机能紊乱、腹泻、消瘦、贫血和皮下水肿等。

我国呈全国性分布，但在东北、内蒙古等地区流行较为严重，夏秋两季流行，尤以秋季更为严重。牛是胰阔盘吸虫的主要宿主，不同品种和年龄的牛对该病的易感性存在差异，通常来说成年牛比幼年牛更易感，黄牛比水牛更易感。主要是通过含有囊蚴的水草被牛吞食而传播，因此放牧的牛更容易感染。蜗牛是胰阔盘吸虫的中间宿主，它们的存在和繁殖也促进了该病的传播。

病牛食欲减退，消化不良，日渐消瘦，贫血，黏膜苍白，心跳加快和衰弱，颌下水肿和胸部皮下水肿；腹泻，粪便中带有黏液或混有血液；出现兴奋、痉挛、麻痹等神经症状。

203. 牛胰阔盘吸虫病如何防治？

提高饲养管理水平，增强牛的抵抗力，确保饲料和饮水的清洁，保持牛舍的干燥和通风，降低湿度，及时清理粪便与污染物，并无害化处理。通过生物防治、药物扑杀、物理措施等方法消灭和控制中间宿主，避免疫区放牧，在入冬时给牛进行驱虫处理，以减少寄生虫的数量，降低感染风险。

在秋冬春初对牛群进行2次驱虫，通常用血防846（六氯对二甲苯）300 mg/kg，口服，隔日1次，3次为1个疗程，效果良好。吡喹酮65~80 mg/kg，一次内服；油剂腹腔注射量为30~50 mg/kg，可用灭菌液体石蜡或植物油按1∶5配制。

本病无特效药物，可选用吡喹酮或六氯对二甲苯治疗。根据药物的说明和牛的体重，确定适当的用药剂量和用药方式，如吡喹酮35~45 mg/kg腹腔注射，六氯对二甲苯120 mg/kg灌服，隔日1次，连续治疗3次为1个疗程。也可以用复方贯众散（苏木20 g，贯众、厚朴、甘草各15 g，槟榔、龙胆草各30 g，木通18 g，泽泻、豆蔻各12 g，煎汁，一次性灌服）治疗或配合治疗。

针对病牛出现的消化系统症状如食欲减退、消化不良、腹泻等，可以采取相应的对症治疗措施，如给予止泻药、补充营养等，以帮助病牛恢复健康。

204. 什么是牛双腔吸虫病？

牛双腔吸虫病是由双腔吸虫属的矛形双腔吸虫和中华双腔吸虫寄生于胆管和胆囊引起的疾病，该病在我国感染率很高，危害严重。病牛常表现为消化机能紊乱、腹泻、消瘦和黄疸等症状，严重时可因衰竭而死亡。

牛是双腔吸虫的主要宿主，黄牛、水牛、牦牛等均可感染，感染程度与年龄、性别、品种和放牧季节等有关，年龄大的牛易感性高，放牧季节是感染高峰。病牛、隐性感染牛及被污染的饲料、饮水、垫料等是主要传染源，病牛通过粪便将虫卵排出体外，污染草地、水源等环境，健康牛吞食了被虫卵污染的水草或饮水后，即可感染双腔吸虫。此外，健康牛也可能通过食用含有活囊蚴的蚂蚁等昆虫而感染。双腔吸虫的中间宿主包括蜗牛、蛞蝓、钉螺等软体动物，以及蚂蚁等昆虫。

我国的东北、华北、西北和西南，特别是内蒙古、新疆、青海、宁夏和四川等地区均有发生，夏秋季节气候温暖湿润，有利于中间宿主的生长和繁殖，更容易流行。

205. 牛双腔吸虫病如何诊治？

病牛食欲减退，消化不良，腹泻，粪便中可能混有血液。随着病情加重，病牛的食欲逐渐丧失，体质消瘦，贫血，黏膜苍白，心跳加快，后期可出现可视黏膜黄染，腹泻或便秘等消化机能障碍，病牛逐渐消瘦，肌肉萎缩，皮下水肿或腹部肿胀，最后因体质衰竭而死亡。

在感染早期，可以使用吡喹酮、六氯对二甲苯、噻苯唑等药物进行治疗，吡喹酮30~50 mg/kg，灌服，或六氯对二甲苯120 mg/kg，灌服，或噻苯唑150~200 mg/kg，灌服，对双腔吸虫有良好的治疗效果。也可以用复方贯众散（苏木20 g，贯众、厚朴、甘草各15 g，槟榔、龙胆草各30 g，木通18 g，泽泻、豆蔻各12 g，煎汁，一次性灌服）治疗或配合治疗。

206. 什么是牛日本血吸虫病？

日本血吸虫病又称分体吸虫病，是由日本血吸虫寄生于人和多种动物门脉系统小血管所致的一种严重的地方性寄生虫病。成虫寄生于牛的门静脉和肠系膜静脉内，引起血吸虫病。病牛以瘦弱和腹水为特征，粪便具有腐败性特臭味并带有黏膜和血液。

本病的流行与地理环境、气候条件、钉螺分布和水草分布等因素密切相关，在春夏季节更容易流行，特别在降水量较大的雨季。牛是主要的易感动物，尤其是一些品种的黄牛和水牛，感染日本分体吸虫的牛、人和其他动物是主要的传染源，通过排出含有虫卵的粪便污染水源、水草和土壤等，在钉螺体内发育成毛蚴、胞蚴、雷蚴和尾蚴等阶段，最后形成囊蚴，牛因吞食含有囊蚴的水草或饮水后感染。

207. 牛日本血吸虫病如何诊治?

急性型：病牛食欲减退，精神迟钝，体温升高到 40 ℃以上，开始腹泻，继而下痢，里急后重，粪便呈糊状，混有脱落的黏膜、黏液和血液，具有鱼肠腐败性特殊臭味；病牛很快消瘦，严重贫血和黄疸，黏膜苍白，眼结膜和皮肤发黄，或出现腹水和四肢浮肿，或出现痉挛、麻痹等神经症状，起卧困难，全身虚脱，最后恶化死亡。

慢性型：病牛腹泻与便血时重时轻，被毛粗乱，瘦弱不堪。泌乳母牛产奶量下降，母牛不发情或妊娠后流产。犊牛生长发育受阻，成为侏儒牛。

剖检后可见其肠道表面出现颗粒状或斑点状病变，严重时可能导致肠道溃疡和坏死。淋巴结可能肿大、充血、出血，肝脏、脾脏等器官肿大、充血、出血。

治疗时可使用吡喹酮 10～20 mg/kg，肌内注射；硝硫氰胺 2～3 mg/kg，静脉注射。

208. 什么是牛莫尼茨绦虫病?

牛莫尼茨绦虫病主要发生于春季和秋季，地势低洼、潮湿、沼泽地区更为常见，主要危害羔羊和犊牛，寄生于牛小肠，尤其是空肠和十二指肠。

莫尼茨绦虫主要寄生于牛，尤其是黄牛、水牛等反刍动物，对 5 个月以内的犊牛危害特别严重，其他家畜和野生动物也可感染，但较少见，主要通过地螨传播。本病在全球范围内均有发生，多发于温暖湿润地螨活跃的春季和秋季，特别是在地势低洼、潮湿、沼泽地区更为常见。

209. 牛莫尼茨绦虫病如何诊治?

成年牛感染通常无临床症状，犊牛临床症状明显。犊牛表现消化不良，食欲减退，消瘦和腹泻，粪中含有黏液和孕节片，严重者贫血，脱水，极度消瘦，呼吸困难，气喘明显，肺部听诊可能出现干啰音或湿啰音。有的病牛出现站立不稳、痉挛、抽搐等神经症状，甚至出现昏迷；或出现丘疹、红斑等病变，部分牛眼结膜充血、水肿；或表现关节肿胀，步态蹒跚，可能伴随跛行。

剖检可见肠道内有大量虫体，肠黏膜增厚、出血，淋巴结肿大、出血。部分病牛肝脏、肺部等器官出现虫卵结节。

治疗时可选用丙硫苯咪唑、阿苯达唑或左旋咪唑内服联合驱虫。丙硫咪苯唑 10~20 mg/kg，灌服；吡喹酮 10~15 mg/kg，灌服。

210. 什么是牛脑多头蚴病?

牛脑多头蚴病是由带科多头绦虫的幼虫（脑多头蚴）寄生于牛的脑部所引起的一种绦虫病，俗称脑包虫病。因能引起明显的转圈运动，因此又称转圈病，导致牛死亡和较高的淘汰率，对牛的健康和生产性能产生严重影响。

牛是脑多头蚴病的易感动物，感染率较高，主要由多头绦虫的幼虫和其宿主犬、狼、狐狸等传播，牛因采食被虫卵污染的草料和水后而感染。在春季和秋季多发，也与饲养管理、牛的免疫力等因素密切相关。

211. 牛脑多头蚴病如何诊治?

犊牛发病以消化障碍、食欲不振和腹泻为主；表现咳嗽，口腔内有特殊的臭味，排多量黏液或血便，虚弱消瘦，精神迟钝，后肢无力，站立不稳，阵发性痉挛等。

急性型病牛病初体温升高，脉搏加快，呼吸次数增多，出现回旋、前冲、退后动作等神经症状。后期呈慢性症状，出现不同特征的转圈运动，转动方向多向寄生部一侧，造成对侧视力发生障碍以至失明，头骨变软，叩诊呈浊音，局部皮肤隆起、压痛、软化，对声音刺激反应很弱。病牛最终因极度消瘦，继发感染其他疾病而死亡。

可使用丙硫苯咪唑、阿苯达唑或左旋咪唑内服进行驱虫治疗。也可以采用吡喹酮 40 g，配成 10%溶液一次皮下注射，按 1 kg 体重 100 mg 用药；20%甘露醇注射液 250～1 000 mL、10%葡萄糖注射液 2 000 mL、1%地塞米松注射液 3 mL，一次静脉注射。

212. 什么是牛囊尾蚴病?

牛囊尾蚴病是由牛带绦虫的幼虫寄生于牛的肌肉组织中引起的人畜共患寄生虫病，发病率较高。病牛失去食用价值，造成极大的经济损失。

该病主要感染牛，尤其是黄牛和水牛。其他动物如羊、猪等不易感。主要由于食入被虫卵污染的饲草或者存在绦虫虫卵的粪便而发病，其流行与饲养管理、气候条件、饮食习惯和流行病学特点等多种因素有关，通常在温暖、潮湿的季节更易流行。

213. 牛囊尾蚴病如何诊治?

病牛初期体温升高，反刍减少或停止，腹泻，呼吸困难，心跳加快，虚弱无力，脑膜炎可引起头痛、呕吐、颈强直、肌肉震颤及运动障碍，或出现视力减退。严重时咳嗽、肠梗阻、肠穿孔，甚至死亡。部分转为慢性病牛，由于长期消化不良，虫体毒素致使生长发育迟缓，称为僵牛。

剖检时可见其舌肌、咬肌、肋间肌甚至心肌处有囊尾蚴。

治疗时可使用吡喹酮、阿苯达唑等药物。吡喹酮 30～50 mg/kg，灌服，每天 1 次，连用 3 d；丙硫咪唑 30 mg/kg，灌服，每天 1 次，连用 3 d，注意药物的剂量和给药方式，避免药物中毒和副作用的发生。

214. 什么是犊牛新蛔虫病?

犊牛新蛔虫病是由牛新蛔虫寄生于犊牛小肠的一种寄生虫病。临床上主要表现肠炎、腹泻和腹部膨大等症状，是造成犊牛死亡的主要寄生虫病之一。成年牛在内部器官中也可能寄生有移行的幼虫，但发病较少。

犊牛新蛔虫繁殖方式为直接发育，不需要中间宿主。感染性幼虫可污染草场、饮水和母牛的乳汁等，经口摄入感染性幼虫而感染。本病的发生与饲养管理、气候条件、饮食习惯等多种因素有关，在气候温暖、潮湿的地区更为常见。

215. 犊牛新蛔虫病如何诊治?

发病犊牛初期表现为虚弱消瘦，精神萎靡，消化不良，食欲不振，体重下降，腹部膨大；随着病情加重，出现顽固性腹泻，粪便含有血液和特殊恶臭味。病程后期，病牛可能出现呼吸困难、咳嗽等症状，或表现为贫血、黄疸等。

治疗时可使用左旋咪唑 8~15 mg/kg，一次灌服或肌内注射；丙硫咪唑 10~20 mg/kg，一次灌服；伊维菌素 0. 2~0. 3 mg/kg，一次皮下注射，隔 7 d 再用药一次。对腹泻、脱水的病牛，选用 5%碳酸氢钠注射液 100~250 mL、5%葡萄糖氯化钠注射液 500~ 1 000 mL，一次静脉注射；呼吸困难的犊牛，应给予吸氧、平喘等对症治疗；出现神经症状的犊牛，应给予镇静、解痉等治疗。

216. 什么是牛肺丝虫病?

牛肺丝虫病又叫牛网尾线虫病，是一种由网尾线虫寄生于牛气管和支气管内引起的牛呼吸系统疾病。丝虫主要包括胎生网尾线虫和钩虫，它们寄生在牛的气管和支气管内，引起一系列症状，对养牛业造成一定的经济损失。

犊牛和抵抗力较弱的牛更容易感染，成年牛在感染后症状可能较轻或不显现症状。钩虫的感染途径也与胎生网尾线虫相同，通过感染性虫卵传播。本病主要流行于热带、亚热带地区，在雨季和潮湿的春夏季节更容易发生，在我国南方发病率较高。

217. 牛肺丝虫病如何诊治？

病牛的体温升高，但通常不会超过 40 ℃，食欲不振，消化不良，进而引起贫血和消瘦；出现咳嗽，通常在夜间休息时或清晨更为明显，严重时出现咳血；鼻腔和口腔分泌物会增多，有时会呈现泡沫状；呼吸困难，呈现伸颈、张口、摆头等姿态，呼吸急促、气喘。此外，病牛还会出现贫血、被毛粗糙等症状。

血检可见白细胞数量增多，粪检可发现虫卵或幼虫，剖检可见肺部出现充血、出血、水肿等病变，支气管内也可见寄生虫和黏液堵塞。

治疗时可选用左旋咪唑、丙硫苯咪唑、氟苯咪唑、阿维菌素或伊维菌素等。左旋咪唑 8～15 mg/kg，灌服或肌内注射；丙硫咪唑 10～15 mg/kg，灌服；氟苯咪唑 30 mg/kg，混饲，每天 1 次，连用 5 d；阿维菌素或伊维菌素 0.2～0.3 mg/kg，皮下注射。间隔一段时间再投药。

重症病牛可直接往气管内注射碘溶液或水杨酸钠溶液及针剂驱虫药物等，效果显著。为防止细菌感染，还应使用非甾体抗炎药物及抗生素配合治疗或注射营养剂。

218. 什么是牛消化道线虫病？

牛的消化道线虫种类很多，主要有捻转血矛线虫、钩虫、结节虫、阔口线虫、鞭虫，这些线虫对环境的适应性较强，能在不同的气候和季节中生存和繁殖。它们可单独感染，也可混合感染。不同品种、年龄和性别的牛均易感，但幼畜的易感性更高，症状也更严重，其他反刍动物如羊、鹿等也易感染，主要是通过消化道传播，还可以通过皮肤感染，还可通过苍蝇、蟑螂等昆虫传播，在温暖的季节或雨季常发。

病牛表现消瘦、贫血、水肿、下痢等症状。

219. 牛消化道线虫病如何诊治?

病牛表现持续性腹泻，粪便带黏液和血液，食欲不振，身体瘦弱。后期表现为进行性消瘦和贫血，下颌、腹部水肿，有时出现精神沉郁、反应迟钝等神经症状。犊牛感染线虫，其生长发育会受到严重影响，表现为生长迟缓、体型瘦小。粪检可见虫卵。

剖检可见肠道充血、水肿和溃疡，严重病例可见肠道穿孔、腹膜炎，结肠壁有大量肉眼可见的白色颗粒状结节，可见线虫寄生。

据病原线虫种类选择合适的药物，如噻苯咪唑 50~100 mg/kg，口服，每天 1 次，连用 3 d；左旋咪唑 8 mg/kg，首次用药后再用药 1 次，也可肌内或皮下注射；硫化二苯胺 0. 2~0. 4 g/kg。以上药物应根据牛的体重按照一定的比例进行配制和使用，注意药物的副作用和配伍禁忌。

220. 什么是牛眼虫病?

牛眼虫病又称吸吮线虫病，中兽医称浑睛虫病，是由吸吮线虫寄生在牛的结膜囊内所引起的一种寄生虫病。临床以呈现结膜炎和角膜炎为特征，可能导致糜烂、眼痒、眼干、灼热、畏光等症状。如果得不到及时治疗，可能会导致牛失明。

本病有明显的季节性，主要在高温潮湿的夏秋季节多发，5~6 月开始发病，8~9 月达到高峰。各种年龄和品种的牛都可感染发病，但幼龄犊牛最常见。通常来说，放牧的牛群比舍饲牛感染率高。蝇类是该病发生和流行的主要传播者及中间宿主，本病的流行与蝇类的活跃季节密切相关。

221. 牛眼虫病如何诊治?

病牛病初表现结膜潮红、充血肿胀、羞明流泪等结膜炎、角膜炎症状，随着结膜炎症状加剧，眼内有脓性分泌物流出，眼睑肿胀，最后角膜混浊，出现呈圆形或椭圆形的溃疡，翻开眼睑，可在内眼角见到白色的小线虫蠕动，严重者导致失明。病牛精神不振，食欲减退，不时摇头，母牛泌乳量减少。

治宜局部清除虫体，消炎，结合药物驱虫。

方案 1. 2%～3%硼酸溶液 500～1 000 mL，冲洗眼睛，冲出虫体。

方案 2. 0.5%来苏尔溶液 500 mL 冲洗眼睛，再用 1%～2%左旋咪唑溶液 100 mL 点眼，眼药水或眼药膏 10 g 点眼。

方案 3. 左旋咪唑 6 g，一次口服，按 1 kg 体重 15 mg 用药。

方案 4. 百部、苦楝皮各 30 g，水煎取汁，冲洗患眼，每天 2～3 次，连用 3 d。

可选用阿维菌素或伊维菌素粉 0.2 mg/kg，一次性灌服；或左旋咪唑 8 mg/kg，每天 2 次，连服 2 d；也可以采用阿维菌素或伊维菌素注射液皮下注射治疗。

222. 什么是牛伊氏锥虫病？

牛伊氏锥虫病是由伊氏锥虫引起的一种牛的血液原虫病，主要寄生于血液和造血器官中。随着全球气候的变化和畜牧业的发展，牛伊氏锥虫病的流行区域不断扩大，发病率和死亡率也有所上升，严重制约畜牧业的发展。

本病潜伏期为 6～12 d，也可能长达数月，具有明显的季节性，多在春季和夏季，南方地区主要在春夏季节流行，北方地区则在夏秋季节流行。各种年龄的牛均可感染，主要是通过吸血昆虫的机械性传播，还可以通过污染的饮水、饲料或经皮肤、黏膜、创伤等途径感染。

223. 牛伊氏锥虫病诊断要点有哪些？

急性发病牛表现为突然发病，食欲减少或废绝，精神沉郁，呼吸困难；体温升高到 41 ℃以上，持续 1～2 d，呈不定型间歇热。慢性病牛表现为逐渐消瘦，被毛粗乱，体力衰弱，眼结膜潮红，流泪，反应迟钝或消失，体表淋巴结肿大，血液稀薄，贫血，黄疸；四肢下部水肿，多卧地不起，随着病情加重，形成溃疡、坏死、结痂，经 2～4 d 死亡，此型少见。血检可发现伊氏锥虫。

剖检可见病牛血液稀薄，凝固不全；肝脏肿大，质地变硬，表面有灰白色小点；脾脏肿大，质地柔软；心脏表面血管怒张，呈树枝状；肺部有出血点；全身淋巴结肿大，切面多汁。

224. 牛伊氏锥虫病如何防治？

提升饲养管理水平，保持场区环境卫生，定期对场区圈舍进行清扫和消毒，保持栏舍干净、通风，及时清除粪便并进行无害化处理。完善防蚊蝇等虫媒措施，在疫区，定期进行药物预防，如喹嘧胺 10~12 mg/kg 的剂量配制，注射 1 次可预防 3~5 个月，可有效防止锥虫病的发生。

治疗时可使用甲硫喹嘧胺肌内注射或皮下注射 4~5 mg/kg，临用前配成 10% 水悬液，隔日 1 次，连用 2~3 次；萘磺苯酰脲 10 mg/kg，一次静脉注射；贝尼尔剂量 7~10 mg/kg，肌内注射，每天 1 次，连续 3 d。病牛脱水时，应及时补充电解质溶液，维持水盐平衡。

225. 什么是牛泰勒焦虫病？

牛泰勒焦虫病主要是由环形泰勒焦虫寄生在牛体内而引起的一种牛的血液原虫病，主要临床症状是高热，贫血或黄疸，反刍停止，泌乳停止，食欲减退，消瘦，严重者造成死亡。

该病主要感染牛、羊等家畜，其中黄牛、水牛、牦牛和绵羊等均易感，而马、骡、驴等动物则较为易感，主要通过中间宿主蜱传播。在我国主要流行于南方地区，北方偶有发生。该病多发于 6~8 月温暖季节，发病率和死亡率较高，尤其是新疫区。在流行季节，如果防治措施不到位，发病率可达 60% 以上，而死亡率则可能达到 90% 以上。

226. 牛泰勒焦虫病诊断要点有哪些？

病牛病初体表淋巴结肿痛，体温升高到 40~41.8 ℃，呈稽留热，呼吸急促，咳嗽，流鼻液，心跳加快；中期眼结膜充血肿胀，体表淋巴结显著肿大，反刍停止，先便秘后腹泻，粪中带血丝；后期步态蹒跚，起立困难，因贫血结膜苍白、黄染，在眼睑和尾部皮肤较薄的部位出现粟粒至扁豆大的深红色出血斑点，肩前或腹沟淋巴结显著硬肿，后逐渐变软，尿呈淡黄色或深黄色，粪便带血，血液变稀；病牛卧地不起，最后衰竭死亡。

剖检可见血液稀薄，凝固不全；肝脏肿大，质地变硬，表面有灰白色小点；脾脏肿大，质地柔软；心脏表面血管怒张，呈树枝状；肺部有出血点；全身淋巴结肿大，切面多汁；真胃黏膜充血，有大小不等的出血斑，胃黏膜有出血斑点，肠管出血；脑膜及脑实质血管明显扩张、充血、出血及水肿；肾脏表面凹凸不平。

227. 牛泰勒焦虫病如何防治？

加强饲养管理，保持牛舍的清洁卫生和干燥，定期进行消毒和灭蜱工作，定期进行粪便检查和血液检查，及时发现感染病例，并采取相应的治疗措施。使用喹嘧胺预防，按 10~12 mg/kg 配制 10% 水悬液，隔日 1 次，连用 2~3 次，也可使用其他有效的药物进行预防。

治疗时可使用磷酸伯氨喹啉 0.75~1.5 mg/kg，灌服，每日 1 次，连服 3 d；三氮脒 7 mg/kg，肌内注射，每日 1 次，连用3 d；苯脲咪唑 2 mg/kg，肌内注射，每日 1 次，连用 2 d；阿卡普林，剂量 0.6~1 mg/kg，皮下注射。

228. 牛巴贝斯虫病诊断要点有哪些？

牛巴贝斯虫病是由双芽巴贝斯虫和牛巴贝斯虫寄生于牛的血液内而引起的疾病。临床上以高热、贫血、黄疸及血红蛋白尿为主症。

我国南方地区多发，呈地方性流行，与该地区的蜱种类、密度和分布有关，6~8 月流行。

不同年龄、性别和品种的牛均易感，但成年牛比犊牛更易感。传播媒介主要是蜱，包括硬蜱和长角血蜱等，在叮咬病牛后，将巴贝斯虫注入牛体内，导致感染。

本病的潜伏期通常为8~15 d。病初高热稽留，体温可高达40~42 ℃，脉搏和呼吸加快，精神沉郁，食欲减退或废绝，常有便秘。后期病牛精神萎靡，明显消瘦，黏膜发绀或黄疸加重，胃肠蠕动减缓，甚至停滞，排出恶臭的褐色粪便，发病后2~3 d出现血红蛋白尿，尿液呈红色或棕色，严重者可造成死亡。病程通常为10 d左右，8月龄以内的牛通常呈良性经过，1~2岁的牛发病较重，2~3岁的牛更重，死亡率也高。

病死牛尸体消瘦，胸、腹两侧的皮下组织胶样浸润，肩前及股前淋巴结肿大；胸、腹腔、心囊腔积有黄色液体，心外膜、浆膜、黏膜出血；全身实质器官如心、肝、脾、肾等器官出血；肺部水肿和出血；脾脏肿大，肝、肾等器官病变坏死。

229. 牛巴贝斯虫病如何防治？

完善场区饲养管理，保持环境卫生，保持牛舍干燥、清洁，定期清理粪便和排泄物，完善场区防虫媒措施，在春夏蜱虫活动和繁殖频繁的季节，对牛进行体内外的预防性驱虫工作，定期用0.05%蝇毒磷溶液、0.5%敌百虫溶液或0.002%溴氰菊酯溶液等药物喷洒牛体表，用1%~2%敌百虫对牛舍、地面、墙壁、活动场地等进行喷洒，杀灭环境中的幼蜱，同时，对牛群定期进行药物预防，如肌内注射三氮脒2 mg/kg，每隔15 d用1次。

治疗时可使用三氮咪3.5~3.8 mg/kg，配成5%~7%溶液深部肌内注射；盐酸咪唑苯脲注射液1~3 mg/kg，配成10%的水溶液肌内注射；黄色素注射液100~200 mL，用生理盐水配成0.5%~1%溶液一次静脉注射，按3~4 mg/kg用药（极量2 g，必要时隔1~2 d再重复1次）；也可以采用中药制剂（贯众80 g，槟榔45g，木通、泽泻、鹤虱各40 g，茯苓、龙胆草各30 g，厚朴35 g，甘草15 g，水煎，一次性灌服，每天1剂，连用2~3剂）治疗或辅助治疗。

230. 牛刚地弓形虫病诊断要点有哪些？

牛刚地弓形虫病是一种单细胞寄生虫病，可以感染人和多种动物。

不同年龄、性别和品种的牛均易感，但成年牛比犊牛更易感，病牛和带虫动物是主要的传染源，主要传播途径是消化道，即通过摄入被卵囊污染的饲料、饮水感染。也可通过伤口、呼吸道等途径感染。

本病在某些地区呈地方性流行，与当地的气候条件、饲养管理和动物种类等因素有关，在温暖季节更容易发生和传播，多为隐性感染，感染后不一定表现出明显的临床症状。

病牛多呈急性发作，体温升至 40~42 ℃，呈稽留热型，持续时间较长；表现出精神萎靡、无精打采的状态，食欲明显减退，严重者甚至废绝；呼吸急促，严重者出现呼吸困难，呼吸次数明显增加；结膜充血，运动失调，精神极度兴奋，然后转入昏迷，大便带血，部分病牛的尿液呈红色或棕色。孕牛常流产，多为死胎、弱胎，有的生下后很快死亡。有的弱犊呈现发热、呼吸困难、咳嗽、流涕以及阵发性痉挛、磨牙、头颈震颤等神经症状，通常多在 2~3 d 内死亡。

231. 牛刚地弓形虫病如何防治?

加强生物安全管理，场区禁止饲养犬、猫及其他动物，严格控制人员、车辆及物品出入场区，特别是进入生产区人员与物品的管控，保持场区干净卫生，定期对场区进行清洗消毒与灭鼠，夏季开展灭蚊蝇等虫媒活动，并注意降温防暑，冬季注意通风保暖。牛群药物预防如饲料内添加磺胺嘧啶等。

磺胺类药物对该病有较好的疗效。磺胺嘧啶与甲氧苄氨嘧啶联用治疗，前者剂量 70 mg/kg，后者剂量 14 mg/kg，灌服，每天 2 次，连用 3~4 d；氯苯胍剂量为 10~15 mg/kg，灌服，每天 2 次，连服4~6 d；复方磺胺-5-甲氧嘧啶注射液剂量 0.2 mL/kg，每天 1 次，连用 3~5 d。

232. 牛胎毛滴虫病诊断要点有哪些？

牛胎毛滴虫病是由胎毛滴虫寄生于生殖道引起的一种原虫病，以生殖器官发炎、早期流产和不孕为特征。胎毛滴虫主要寄生于母牛的阴道和子宫内，公牛的包皮腔和阴茎黏膜表面等部位。主要通过交配传染或接触病畜的分泌物和排泄物而感染。在人工授精时，如果使用带虫精液或输精器械被污染，也可能引起感染。被病畜的分泌物和排泄物污染的垫草、护理用具以及家蝇等也可能成为传播媒介。不同年龄、性别和品种的牛均易感，但成年牛比犊牛更易感，呈地方性流行，在温暖季节更容易发生和传播，多为隐性感染，感染后不一定表现出明显的临床症状。

公牛感染后虫体主要在包皮腔及阴茎黏膜表面繁殖，包皮显著水肿、疼痛，大量分泌脓性物质。阴茎黏膜上出现红色小结节，包皮内层边缘有坏死性溃疡，出现排尿有痛觉及不愿交配的现象。

母牛感染后1~2 d虫体首先在阴道内繁殖，引起黏膜炎症，出现红色结节，发生子宫内膜炎时，从阴道流出脓性分泌物，往往造成发情不正常，不易受孕。怀孕母牛可发生早期流产或死胎，泌乳量下降。

233. 牛胎毛滴虫病如何防治？

加强饲养管理，提供优质的饲料和充足的营养，以增强牛的体质和抵抗力。同时，保持牛舍的干燥、清洁和通风，降低湿度，及时清理粪便和排泄物，并对牛舍、饲料槽、水槽等场所进行定期消毒，以杀灭可能存在的病原体。

有条件的地区均应实行人工授精，不用患病公牛的精液进行配种。每年定期在春季和秋季进行两次驱虫，可有效地杀死寄生在动物体内的寄生虫。饲养员和兽医在操作时，要注重个人防护，避免直接接触牛的生殖器官和分泌物，以减少感染的风险。

治疗使用0.1%雷佛奴尔液、0.2%碘溶液、0.1%黄色素液等定期清洗和消毒母牛的外阴部，可以减少病原体的数量和减轻病情。

做好公牛的包皮和阴茎的清洁卫生，定期进行消毒。可以灌服清热解毒、利尿消肿、活血化瘀的中草药辅助治疗。

234. 什么是牛球虫病？

牛球虫病是由艾美耳科艾美耳属的球虫寄生于牛肠道黏膜上皮细胞内引起的原虫病，多发生于犊牛，主要寄生于牛的肠道内，尤其是大肠和盲肠。

各种年龄和品种的牛均可感染，主要感染 2 岁以下的犊牛，成年牛多为带虫者。病牛及隐性感染牛是本病的主要传染源，许多牛在感染后无明显临床症状，但会成为带虫者而成为传染源，主要经消化道传播即通过摄入被卵囊污染的饲料、饮水或接触被感染的动物而感染。在温暖、潮湿、多雨的地区严重流行，饲养管理不善、卫生条件差、缺乏适当的消毒和驱虫措施等因素可增加牛球虫病的感染率。

235. 牛球虫病如何诊治？

本病潜伏期为 2~3 周，犊牛通常为急性经过，病程为 10~15 d，死亡率通常为 20%~40%。

急性型：病程通常为 10~15 d，少数犊牛在发病 1~2 d 后死亡。病牛初期体温升高至 40~41 ℃，呈现稽留热，精神沉郁，被毛松乱，食欲减退或废绝，前胃弛缓，肠蠕动增强，腹泻，粪便稀薄稍带血液，腹痛，弓背，回头顾腹。约 1 周后，排出带血的稀粪，肠黏膜上皮大量破坏脱落，黏膜出血并形成溃疡，症状加剧，其中混有纤维素性假膜，恶臭；末期牛粪便呈黑色，几乎全是血液，体温下降，在恶病质状态下死亡。

慢性型：病牛长期下痢，脱水，消瘦，贫血，终因极度消瘦而死亡。犊牛生长发育受阻，生长速度明显减缓。

治疗时可使用抗球虫药物，呋喃西林 7~10 mg/kg，连用7 d；地克珠利拌料剂量按说明书，连用 2~3 d；氨丙啉，犊牛20~25 mg/kg，灌服，连用 4~5 d；磺胺二甲基嘧啶100 mg/kg，连用 2 d。对于严重感染的病牛，加大药物剂量或联合其他抗球虫药物。

236. 牛硬蜱病如何诊治？

硬蜱是寄生于牛体表的一种吸血性寄生虫，以叮咬皮肤和吸食血液为生，它既是牛原虫病的中间宿主之一，也是许多疫病的传播媒介。本病主要流行于硬蜱活动旺季，气候温暖、湿度较高的地区更容易流行。牛是牛硬蜱病的主要易感动物，但其他动物如羊、鹿等也可能感染该病，主要通过硬蜱叮咬传播，感染硬蜱的牛是主要传染源。

牛被叮咬部位皮肤红肿热痛，病牛食欲不振，厌食，生长缓慢，毛色失去光泽，腹股沟和肩前淋巴结肿大。严重时，体温升高至 40 ℃左右，皮肤坏死、溃疡。当大量蜱寄生时，可引起牛贫血和消瘦，体重减轻，可视黏膜苍白，心率加快，生产性能下降等。

拔除硬蜱并进行无害化处理，选用阿维菌素或伊维菌素等驱虫药治疗，按剂量进行注射或口服给药。此外，也可以使用一些杀虫剂或药浴来治疗。

237. 牛螨病如何诊治？

牛螨病是一种接触性传染性疾病，具有高度传染性，以体表瘙痒和皮肤炎症为特征。任何年龄、品种和性别的牛都可能感染螨病，感染螨病的牛是主要的传染源，螨虫在病牛的皮肤上寄生，可以通过直接接触传播，如健康牛与病牛相互接触时，螨虫从病牛传播到健康牛的皮肤上，螨虫还可以通过被污染的圈舍、用具等间接传播。

本病主要在冬季和初春季节流行，拥挤、潮湿、通风不良的环境也容易诱发本病。病牛患部皮肤发痒，出现红疹，然后皮肤逐渐增厚，并覆盖灰白色痂皮。随着病情的发展，患部皮肤发生龟裂、出血、渗出液，甚至化脓。病牛精神不振，食欲减退，消瘦，贫血，营养不良和生产性能下降等，甚至出现虚脱现象。

治疗时可用 0. 05%双甲脒、2%敌百虫局部涂药，或 0. 025%螨净、0. 05%溴氰菊酯喷洒，或伊维菌素注射液 0. 2～0. 3 mg/kg 皮下注射。

238. 什么是牛皮蝇蛆病？

牛皮蝇蛆病是皮蝇科皮蝇属的幼虫寄生于牛的背部皮下组织所引起的一种慢性寄生虫病。牛是牛皮蝇蛆病的主要易感动物，尤其是年幼、体弱、营养不良的牛更容易感染，主要通过其成虫牛皮蝇传播。本病主要发生于春夏秋温暖潮湿的季节，在饲养管理差、卫生条件差、通风不良的牛场，疾病更容易发生和传播。幼虫的移行和发育过程会对牛的健康造成严重影响，幼虫的毒素使牛的血液和血管壁受到损害，导致贫血、消瘦、产奶量下降等症状。

239. 牛皮蝇蛆病如何诊治？

雌蝇产卵时可引起牛恐惧不安，采食量降低，逐渐消瘦，惊慌奔跑，严重时可引起流产，跌伤，骨折甚至死亡。幼虫钻入皮肤，引起皮肤发炎、脓肿，病牛表现痛痒、精神不安。幼虫在体内移行时，造成移行部组织损伤，导致局部结缔组织增生和皮下蜂窝织炎，若继发细菌感染可化脓形成瘘管，流出脓液。病牛表现乳房及阴门水肿、气喘、腹泻、口吐白沫等。幼虫分泌的毒素对牛的血液和血管壁有损害作用，病牛临床表现为贫血和肌肉稀血症、消瘦、肉质降低，犊牛表现生长缓慢、贫血，母牛产乳量下降。当幼虫钻入延脑或大脑时，可引起神经症状，如后退运动、突然倒地、麻痹或晕厥等，重者可造成死亡。

加强灭蝇工作，夏季对牛舍、运动场等场所定期使用除虫菊酯、滴滴涕等灭蝇剂进行喷雾。同时，也可用4%~5%滴滴涕对牛体喷洒，每隔10 d喷洒1次。保持牛体卫生，经常刷拭牛体，用2%敌百虫溶液洗擦背部，每隔10~20 d洗擦一次。

治疗时可使用10%敌百虫溶液局部涂擦；伊维菌素皮下注射；蝇毒磷或倍硫磷臀部肌内注射，用法用量参考药物说明。

第九章　常见普通疾病

240. 牛口炎如何诊治?

牛口炎是指牛的口腔黏膜及其深层组织炎症的总称，包括腭炎、齿龈炎、舌炎和唇炎。以流涎，口腔黏膜潮红、肿胀，采食、咀嚼障碍为特征。

病牛精神萎靡，流涎，采食困难，口腔散发恶臭味，口腔黏膜潮红、肿胀和疼痛。

根据临床症状可分为卡他性口炎、水疱性口炎、溃疡性口炎。

卡他性口炎为口腔黏膜表层轻度的炎症，表现为口腔黏膜潮红、硬腭肿胀；水疱性口炎以口腔黏膜上形成透明浆液水疱为特征；溃疡性口炎以口腔黏膜糜烂、坏死为特征。

原发性口炎的治疗原则主要为消除病因，加强护理，净化口腔，收敛和消炎等。

及时摘除芒刺与口腔内异物等，改善牛的饲料结构，采用柔软易消化的饲料进行饲养，可饲喂优质干草和青绿饲料，同时配备清洁的饮水。

治疗时可使用1%的食盐水或2%～3%的硼酸溶液洗涤口腔；如口腔有恶臭，用0.1%的高锰酸钾溶液冲洗；流涎时，用1%的明矾或鞣酸溶液冲洗；真菌性口炎或溃疡性口炎，多用5%的硝酸银溶液冲洗，再涂喷碘甘油或龙胆紫等。

241. 牛咽炎如何诊治?

牛咽炎是指牛咽黏膜及其邻近部位炎症的总称，包括扁桃体、软腭、咽部淋巴结和咽部黏膜及肌层的炎症，临床可以分为急性咽炎和慢性咽炎两类。

牛急性咽炎：也称为喉风、风火喉，牛感染之后，发病速度比较快，病牛精神不振、食欲减退或者废绝、反刍停止、呼吸困难、频繁咳嗽、伸头直颈、口腔流涎增多、流鼻涕等，严重时体温升高、咽喉部肿痛、张口呼吸、呼吸急促、站立不安等。如果不能及时治疗，牛会因窒息死亡。

牛慢性咽炎：发病缓慢，病程较长，症状相对较轻，病牛咽部疼痛、咳嗽、流涎、食欲不振等，常常伸头直颈，咽部触诊敏感，咽部黏膜红肿，有时会出现黄白色斑块。

治疗时，可用青霉素或磺胺类药物抗菌消炎，如注射用青霉素钠 400 万 IU、注射用丁胺卡那霉素 100 万 IU、注射用水 20 mL，一次肌内注射，每天 2 次，连用 5 d。

喉部处理：初期冷敷，后期热敷，并用鱼石脂软膏、止痛消炎膏涂布于咽喉部。也可用 0.25%的盐酸普鲁卡因液 50 mL、青霉素 100 万 IU，混合后做咽喉部封闭治疗；如意金黄散（天花粉 200 g，大黄、姜黄、白芷各 100 g，厚朴、陈皮、苍术、甘草、天南星各 40 g，共为末），适量醋调，咽部肿胀处外敷。痰多时，一次口服氯化铵 100 g，每天 1~2 次。

复方醋酸铅散（醋酸铅 10 g，明矾、樟脑各 5 g，薄荷脑 1 g，白陶土 80 g，做成膏剂）外敷；磺胺嘧啶 10~20 g、碳酸氢钠 10 g、碘喉片 10~15 g，研末，混合装袋，病牛口噙。也可以将青黛散研为细末，装入纱布袋后在水中浸湿，病牛口噙，饲喂时暂时取出，每日或隔日换药 1 次。

242. 牛食管阻塞如何诊治？

牛食管阻塞是由于牛误食大块坚硬的饲料或异物，导致食管阻塞的一种急症。根据阻塞部位可分为颈部与胸部食管阻塞，根据阻塞的程度可分为完全阻塞与不完全阻塞。

食管阻塞致使牛无法正常采食和饮水，病牛表现为突然停止采食，骚动不安，缩颈伸头，或伸颈、空口咀嚼和不断做吞咽等动作。

颈部食管阻塞时，手触摸食管外部可感觉到阻塞物。胸部食管阻塞时，病牛表现不安，口腔张开，呼吸困难，在阻塞物的前一段食管因积存了大量唾液，触压时除有波动感外，还有唾液从口鼻流出。食管不完全阻塞时，瘤胃臌胀及其他症状较轻；完全阻塞时，牛呼吸困难严重，瘤胃臌胀严重。

治疗原则：消除阻塞物，确保食管疏通，加强护理，消炎止痛。

疏导法：当牛食管阻塞不严重，阻塞物较小，属于头颈部和胸部食管阻塞时，适宜采用胃导管推动法。先将牛头吊起并固定好，然后经口腔或鼻将胃导管推送到食管中，直至达到阻塞部位。灌入1%的普鲁卡因 50 mL，稍后再灌入 200 mL 液状石蜡，15~20 min 后，缓缓推动胃导管，使阻塞物缓慢推进到瘤胃中。

打气法：在使用疏导法治疗无效时，可配合使用打气法。首先插入胃管并安装胶皮球，把食管内食物残渣及唾液吸出，然后灌入适量温水，随后向管内打气并推动胃管，将阻塞物推入胃内。操作时应注意，打气不能过多，推送力度不宜过大，否则容易造成食管损伤。

挤压法：适用于甘薯、马铃薯、苹果、嫩玉米穗、豆饼块、花生饼等阻塞物引起的颈部食管阻塞。病牛采取侧卧保定，颈部伸直，操作者用手掌抵住阻塞物下部，向着咽部方向进行挤压，当阻塞物被挤压至口腔时及时取出阻塞物。

手术疗法：当上述方法均治疗无效时，应施行手术疗法。采用食管切开术，或开腹按压法治疗，也可施行瘤胃切开术，通过贲门将阻塞物排出。

243. 牛前胃弛缓如何诊治？

前胃弛缓是由各种原因引起的前胃兴奋性降低，蠕动机能减弱，瘤胃内容物迟滞，继而导致消化机能障碍及全身机能紊乱的一种疾病。根据临床表现，牛前胃弛缓可以分为急性型和慢性型。

急性型：病牛皮毛干燥无光泽，精神萎靡，体质虚弱，食欲不振，伴有空口咀嚼、磨牙等现象。个别病例会出现腹泻和便秘相互交替。后期体温可能会下降，严重时甚至会陷入脱水与自体中毒状态，最后衰竭而死。

慢性型：病牛精神不振，食欲不振，反刍次数减少或者停止，粪便干燥，颜色发黑，瘤胃蠕动音减弱，嗳气次数增多，并有酸臭味。如果不及时治疗，可导致食欲废绝、呼吸困难，发生自体酸中毒和脱水现象。

治疗原则为改善饲养管理，消除病因，促进瘤胃蠕动，防腐止酵，改善瘤胃内环境，防止脱水和自体中毒。

病牛禁食 1~2 d 后，饲喂适量的优质干草，饮水不限，增进消化机能。

促进胃肠蠕动可静脉注射促反刍液：将 5%氯化钙 200 mL、10%氯化钠 100 mL、20%安钠咖 10 mL 混合后静脉注射。

防腐止酵：可用鱼石脂 15~20 g、酒精 50 mg、饮用水 1 L，一次内服，每天 1 次。病初宜用硫酸钠或硫酸镁 300~500 g、鱼石脂 10~20 g、温水 600~1 000 mL，一次内服；或用液状石蜡 1 L、苦味酊 20~30 mL，一次内服，以促进瘤胃内容物运转与排除。

瘤胃 pH 值调整：当 pH 值降低时，用氧化镁 200~400 g、碳酸氢钠 50 g，一次灌服；当 pH 值升高时，可用醋适量灌服。

防止脱水和自体中毒：25%葡萄糖 500~1 000 mL、40%乌洛托品 20~50 mL、20%安钠咖 10~20 mL，一次性静脉注射。

脾胃虚弱及消化不良：用健脾和胃、补中益气的中药灌服。

【处方 1】党参、白术、陈皮、茯苓、木香、苍术、砂仁各30 g，麦芽、山楂、建曲、生姜各 60 g，半夏 25 g，豆蔻 45 g，共为细末，开水冲调，一次性灌服。

【处方 2】党参、白术、陈皮、茯苓、木香、佩兰各 30 g，麦芽、山楂、建曲各 60 g，龙胆草、茵陈各 45 g，共为细末，开水冲调，一次性灌服。

244. 牛瘤胃臌气如何诊治？

牛瘤胃臌气是由于过量采食易发酵饲草或误食霉败饲料，在瘤胃内菌群作用下迅速酵解并产生大量气体，从而引起瘤胃急剧臌胀的一种疾病。

病牛腹围逐渐或迅速增大，尤其左侧腰窝旁突出较为明显。发病初期，瘤胃蠕动音明显增强，伴有金属音。随着病程的发展，食欲减退或废绝，嗳气停止，反刍完全废绝，站立不安，腹围增大，腹痛明显，左肷部异常凸起，出汗，脉搏加快，伸展头颈，张口呼吸，呼吸困难，心跳加快，口流白沫，眼球突出，可视黏膜发绀，体温通常正常。后期，病牛呼吸困难，血液循环障碍，心力衰竭，静脉怒张，黏膜发绀，目光恐惧，大量出汗，有时肩背部皮下发生气肿，无法站立，或突然倒地不起，痉挛，抽搐，最终因心脏停搏或窒息而亡。

触诊时，臌胀部位皮肤紧张而有弹性，叩诊呈鼓音，听诊瘤胃蠕动音初期强，后期弱，最终完全消失。呼吸次数增加，超过 60 次/min，脉率超过 100 次/min。胃导管检查，非泡沫性臌气时，会有大量气体通过胃导管被排出，并散发酸臭味，且臌胀显著减轻；泡沫性臌胀时，只会有少量的气体被排出，臌胀无法彻底消退。

治疗原则通常为消胀、止酵、促进瘤胃蠕动。

消胀：当臌气严重时，立即穿刺放气，首先将术部消毒，选臌气最高点刺入，然后拔出针芯，气体自套管缓慢排出。放气不宜过快，否则会因大脑急性贫血而导致休克。放气后，用注射器经套管注入或者内服止酵剂，如鱼石脂、福尔马林等药物。

止酵：泡沫性臌气，用聚合甲基硅油剂 20 g、水 500 mL，一次性灌服。非泡沫性臌气，用硫酸钠 500 g、松节油 60 mL、鱼石脂 15 g、95%酒精 50 mL、水 1 500 mL，一次性灌服；也可以采用硫酸镁 800 g、常水 3 000 mL 溶解后，一次性灌服，用于积食较多的泡沫性与非泡沫性臌气。

促进瘤胃蠕动：可灌服吐酒石 4 g，也可静脉注射 10%氯化钠。

中药治疗时，将木香、陈皮、槟榔、枳壳各 50 g，茴香 100 g，萝卜籽 200 g，大蒜头 200 g 粉碎后放入保温壶，加入开水闷 30 min 后，连同食醋 200 g，一次性灌服；或莱菔子 90 g、芒硝 120 g、大黄

45 g、滑石 60 g，共为细末，加食醋 500 mL、食油 500 mL 共调，一次性灌服。

245. 牛瘤胃积食如何诊治？

牛瘤胃积食是由于瘤胃内积滞过多的粗饲料，引起瘤胃体积增大，瘤胃壁扩张，造成瘤胃消化与机体运动机能紊乱的疾病。

病牛食欲、反刍、嗳气减少或停止，鼻镜下干燥，腹围增大，拱腰，回头顾腹，后腿踢腹，卧立不安，触诊瘤胃时，病牛有疼痛感。病情严重时，表现体温下降，呼吸困难，呻吟，吐粪水。若治疗不及时，多因脱水、中毒或窒息而亡。

治宜消除积滞，兴奋瘤胃，辅以强心、补液、纠正酸中毒。

方案 1. ①硫酸镁 800 g、常水 4 000 mL，一次性灌服。②10%氯化钠注射液 500 mL、5%氯化钙注射液 150 mL、10%安钠咖注射液 30 mL，一次静脉注射。

方案 2. ①石蜡油 1 200 mL，一次性灌服。②0. 1%新斯的明注射液 20 mL，牛一次皮下注射，2 h 后重复用药 1 次。③5%碳酸氢钠注射液 500 mg、25%葡萄糖注射液 500 mL、25%维生素 C 注射液 20 mL、5%葡萄糖生理盐水 2 000 mL、复方氯化钠注射液 2 000 mL、10%安钠咖注射液 30 mL，一次静脉注射；碳酸氢钠与维生素 C 分开静脉注射。

方案 3. 加味大承气汤：大黄、枳实、槟榔、茯苓、麦芽各60 g，厚朴 90 g，白术、青皮、香附 45 g，山楂 120 g，甘草、木香各 30 g，共为末，开水冲，一次服。

轻症病牛采用按摩治疗，严重病例可用洗胃和手术治疗。

按摩疗法：操作者用手对牛的左肷部瘤胃进行按摩，每次至少 5 min，间隔 30 min 再按摩一次，同时灌服大量温水，治疗效果更佳。

洗胃治疗时采用胃导管洗胃治疗，在胃导管的一端安装漏斗，向瘤胃内灌入 50 mL 的温水，然后将漏斗拿下，使牛的头部低下，运用虹吸原理吸出瘤胃内的饲料。

以上治疗措施无效时，及时采取手术方法，打开瘤胃，取出内容物。

246. 牛瘤胃酸中毒如何诊治?

瘤胃酸中毒是由于牛过量采食精料（谷物和豆类）或长期大量饲喂酸度过高的青贮饲料，导致瘤胃乳酸产生过多而引起的全身代谢性酸中毒。其特征是代谢紊乱、瘫痪和休克。

本病临床症状与牛的品种、饲料种类、性质、数量等因素有关，根据病程发展速度分为最急性型、急性型、亚急性型和慢性型。

最急性型：病牛通常在大量采食精料后突然发病，高声鸣叫，甩头蹬腿，张口吐舌，从口鼻内流出粉红色泡沫，心跳加速，高达100~140 次/min，第一心音和第二心音区分不清，通常在采食后 3~5 h 内突然死亡。

急性型：病牛表现皮温不整，躺卧于地，体温下降，磨牙，呻吟，兴奋不安，呼吸加快，肌肉震颤，腹泻，脱水。腹泻开始呈水样，随后出现黄褐色、暗黑色黏液粪便，干涸后呈沥青样。

亚急性型和慢性型：病牛临床症状表现不明显，多出现前胃弛缓，食欲不振，伴发蹄叶炎时，病牛步态强拘，站立困难。

剖检可见咽、喉以及气管处黏膜充血，气管、支气管内有大量泡沫状液体；肺部有瘀血，并水肿；心肌和瘤胃黏膜水肿，胃内容物量少或空虚，瘤胃黏膜易脱落，真胃黏膜坏死、脱落；肝脏水肿，并出现脂肪变性；肾脏水肿，脑膜充血，脑血管和神经四周水肿。

轻症病牛可使用碳酸钠粉 300~500 g，姜酊 50 mL，龙胆酊 50 mL，加水 500 mL，一次性灌服；严重病牛可洗胃，用内径 25~30 mm 粗胶管经口插入瘤胃，排出胃内容物，然后用 1%盐水反复冲洗，直至瘤胃内容物无酸臭味，呈中性或弱碱性为止。

缓解酸中毒常用 5%碳酸氢钠注射液 2 000~3 500 mL，一次性静脉注射。

也可以采用中药制剂治疗：

【处方 1】曲麦散加减：厚朴、枳壳、苍术各 35 g，神曲、麦芽、山楂、莱菔子各60 g，玉片45 g，三棱、莪术各40 g，陈皮、甘草各30 g，大黄50 g，硫酸镁250 g。

【用法用量】一次研磨灌服，每天1剂，连用3 d。

【功效】化谷消导，活血降气。

【应用】用于病重后期，症状严重者配合补液、补碱。

【处方2】平胃散：苍术80 g，川厚朴5 g，陈皮50 g，甘草、生姜各30 g，大枣10枚。

【用法用量】水煎后加碳酸氢钠粉60~100 g灌服。

【功效】健脾燥湿，行气和胃，消胀除满。

【应用】用本方治疗牛瘤胃酸中毒，获得满意效果。严重病例可用平胃散与增液汤（生地、玄参、麦冬）合方水煎灌服。

【处方3】加味平胃散：苍术80 g，白术、焦山楂各50 g，陈皮、炒神曲各60 g，厚朴、炒麦芽、薏苡仁各40 g，炮干姜、甘草各30 g，大黄苏打片200片。

【用法用量】将上药共研细末，牛0.5 g/kg体重，用温水调成稀粥状灌服，每天1次，连用2~3 d。

【功效】温中化湿，消积散满。

【应用】用本方治疗牛瘤胃酸中毒94例，其中黄牛25例，奶牛34例，绵羊28例，山羊17例，治愈89例，有效率为95.2%。轻者单用本方即可，重者配合抗酸药治疗。

如保守治疗无效，则可采取手术治疗，切开瘤胃，取出内容物，然后向瘤胃内移植大量的健康牛瘤胃液。

247. 牛瓣胃阻塞如何诊治？

牛瓣胃阻塞是由于前胃运动机能障碍，导致瓣胃收缩能力减弱，食物滞留瓣胃，水分减少而引起干涸阻塞的病症，中医称之为百叶干。

病初表现精神沉郁，食欲不振，反刍减少，鼻镜干燥，排出干燥粪便呈算盘珠样，并附着少量黏液及少量黑褐色粪便。病程中后期，病牛食欲废绝，反刍停止，脱水，眼窝下陷，黏膜发绀，呼吸粗重，鼻镜龟裂，口色暗红，严重时卧地不起，听诊时瓣胃蠕动音减弱或消失，触诊瓣胃区疼痛。病情严重时，病牛卧地不起，痛苦呻吟，停止排粪，尿液呈黄色。心跳加快，呼吸急促，最终因极度衰竭而亡。

病初可用硫酸镁或硫酸钠400~500 g、水8~10 L，或液状石蜡1~2 L，或植物油500~1 000 mL，一次灌服。同时使用10%氯化钠溶液100~200 mL、20%安钠咖注射液10~20 mL，一次性静脉注射，增强前胃神经兴奋性，促进前胃内容物运转与排出。

或使用10%硫酸钠溶液2~3 L、液状石蜡或甘油300~500 mL、普鲁卡因2 g、盐酸土霉素3~5 g，一次注入瓣胃内。注射部位在右侧第8肋间与肩关节水平线相交点，略向前下方刺入10~12 cm，回抽无助力时，即可注入。

表现肠炎或全身败血症时，根据病情发展，用樟酒糖注射液200~300 mL，静脉注射，同时输糖补液，防止脱水和自体中毒，缓和病情。

中药方剂，滑石30 g、大戟15 g、续随20 g、白芷15 g、牵牛子30 g、大黄60 g、官桂15 g、甘草25 g、甘遂15 g、地榆皮15 g，研磨成粉末，用开水冲调，再加猪油500 g、蜂蜜120 g，一次性灌服，每天服用1剂，连用3 d。

如果上述措施均无效时，立即采取瘤胃切开术，经由网瓣口将胃导管插入，注入适量温水，充分冲洗，使瓣胃干涸内容物变稀，排出内容物。

248. 牛创伤性网胃炎如何诊治？

牛创伤性网胃炎是由于饲料中混入金属异物（如铁钉、铁丝、铁片等）及其他尖锐异物，采食后所引起的网胃创伤性疾病。

病牛表现为顽固性的前胃弛缓，体温偏高，食欲减少，反刍停止，瘤胃臌气，起卧动作谨慎，卧地时常头颈伸直，站立时常肘部外展，肘肌震颤，瘤胃蠕动音减弱或消失，白细胞升高。部分牛会出现反复的剧烈呕吐和粪水倒流现象。母牛还会表现产奶量降低。

发病早期可采取手术疗法，施行瘤胃切开术，从网胃壁上摘除金属等异物，减少活动，让其前高后低站于斜坡上，饲喂量减半，口服磺胺类药物或者腹腔注射链霉素和青霉素。发生腹膜炎时，可给病牛腹腔注射 0.25%的普鲁卡因 100~300 mL，隔天 1 次，肌内注射阿莫西林 15 mg/kg、200~500 万 IU 链霉素，连续使用 7 d。

249. 牛创伤性心包炎如何诊治？

若异物刺穿网胃和膈肌，可引起心包炎症，称创伤性心包炎。

病牛精神萎靡，呆立，前肢向前伸张，后肢集于腹下，头颈伸展，出现局部肌肉震颤；颈静脉怒张，胸下及胸前等处发生水肿。发病初期病牛体温升高，脉搏加快，而后体温降低，但脉搏数仍多，体温与脉搏呈交叉现象。心区触诊和叩诊时疼痛不安，抗拒检查。抽取心包积液检查，心包积液呈淡黄色、深黄色、污灰色、暗褐色且有腐臭味，遇空气易凝固。

治疗时，轻症病牛多卧床休息，短时间内避免剧烈运动。

方案 1. ①注射用青霉素钠 400 万 IU、注射用丁胺卡那霉素 200 万 IU、注射用水 20 mL，分别一次肌内注射，每天 2 次，连用 5 d。②毛花强心丙（西地兰 D）注射液 3 mg，一次肌内注射，每天 1~2 次。

方案 2. 0.1%雷佛奴尔溶液 1 000 mL、注射用青霉素钠 160 万 IU、0.25%普鲁卡因 100 mL，心包穿刺排液后用雷佛奴尔液冲洗，注入青霉素普鲁卡因液；用于化脓性心包炎，尚需配合抗菌消炎、强心等；疑铁器损伤先投服磁铁 1 枚。

普通治疗无效时，可采取心包穿刺术和心包切开术等措施。心包穿刺术可用于缓解心包压塞症状，但持续时间较短，一般不超过 24 h。心包切开术可用于取出心包内异物，并进行彻底的清洗和引流。

250. 牛皱胃变位如何诊治？

牛皱胃变位是由各种原因引起的皱胃解剖学位置发生变化，从而导致机体消化机能紊乱。该病可分为左方变位和右方变位，临床上以前者多见。

皱胃左方变位：发病初期，病牛发生前胃弛缓，食欲不振，拒绝采食精料，只吃少量干草，反刍减少，瘤胃蠕动减弱，伴有瘤胃臌气和腹痛。随着病程的进展，病牛消化机能失调，食欲明显不振，体形消瘦，母牛产奶量下降，排出少量黑色的干燥粪便，触感坚固，外面覆盖有黏液，或者排出黑褐色的水样粪便，并散发恶臭味。听诊左侧腹壁最后 3 个肋骨和肋软骨接合区有乒乓音，叩诊可听到高朗的钢管音。右侧皱胃的正常位置听诊不到皱胃蠕动音。

皱胃右方变位：也称为皱胃扭转。临床多为急性发病，病牛的皱胃可出现 180°~270°扭转，造成幽门完全阻塞。病牛突然出现腹痛、胀气，且右腹急剧增大，迅速脱水，有时还会造成皱胃明显扩张，常因破裂而引发死亡。慢性发作时，皱胃扭转程度较小，幽门部还能够通过少量的内容物，症状类似于左方变位，叩诊出现钢管音和拍水音。病程后期，病牛排出黑色的糊状粪便，并散发腥臭味，治疗难度较大。

发病初期主要通过促其复位或手术整复，配合抗菌、强心、补液等措施进行治疗。左方变位病牛治宜促其复位或手术整复，配合抗菌、强心、补液。右方变位病牛，治宜尽快手术切开皱胃排出积液，纠正变位，配合药物强心补液、纠正碱中毒。具体方案如下：

方案 1. 黄芪 250 g，沙参、柴胡、川楝子各 30 g，当归、陈皮各 60 g，白术、枳实、代赭石各 100 g，甘草、升麻 20 g、沉香（另包）15 g，代赭石先煎 30 min 后，加入其他药同煎，出锅前 5 min 加沉香，取汁候温一次性灌服。连用 2~3 剂，适用于左方变位。

方案 2. 庆大霉素注射液 100 万 IU、25%维生素 C 注射液 20 mL、10%氯化钾注射液 100 mL、50%葡萄糖注射液 200 mL、10%安钠咖注射液 30 mL、复方氯化钠注射液 3 000 mL、0. 9%氯化钠注射液

5 000 mL，一次缓慢静脉注射，适用于右方变位。

方案 3. 氯化钠、氯化铵 80 g、氯化钾 50 g、灭菌注射用水 10 000 mL，混匀后一次缓慢静脉注射，适用于右方变位。

251. 犊牛消化不良如何诊治?

犊牛消化不良是犊牛胃肠消化机能障碍的统称，其特征表现为明显的消化机能障碍和不同程度的腹泻，多发生于初生至 3 月龄内的犊牛，具有群发性特点。

通常在犊牛刚哺乳或 2~4 d 后开始发病，以腹泻为特征。发病初期犊牛精神通常表现良好，但随着病情的加重，精神萎靡不振，腹泻，粪便呈粥状、水样，呈黄色或暗绿色，肠音高朗，有臌气及腹痛症状，同时出现脱水，心跳加快，皮肤无弹性，眼球下陷，衰弱无力，站立不稳等症状。后期出现兴奋，痉挛，神经症状，严重时可导致昏迷。

发现病牛时，立即禁乳 8~10 h，在此期间，灌服补液盐（氯化钠 3.5 g、氯化钾 1.5 g、碳酸氢钠 2.5 g、葡萄糖 20 g，加水至 1 000 mL），剂量 20~50 mL/kg。使用缓泻剂或温水进行灌肠，促进胃肠内容物排出，同时灌服适量胃蛋白酶、维生素 B、维生素 C，促进消化。

防止继发感染可灌服卡那霉素 5~10 mg/kg 体重，也适当灌服克辽林、鱼石脂、高锰酸钾等药物，防止肠道内容物腐败发酵。

严重病例可静脉注射 60 mL 40%葡萄糖注射液、200 mL 0.9%氯化钠注射液、100 mL 1%~3%碳酸氢钠注射液，每日 1 次。

治疗时也可以采用中药疗法。

【处方 1】焦麦芽、焦山楂、焦神曲、秦艽各 30 g，生地黄、乌梅、黄柏、黄连、郁金、诃子各 24 g、炙甘草、大黄各 15 g，水煎服，每日 1 剂。

【处方 2】旋复花地上部分。

【用法用量】加 10 倍水制成浸剂，按 10 mL/kg 体重，于喂饮初乳前 30~40 min 内喂服，每天数次。

【功效】降气止呕。

【应用】本浸剂单独应用，痊愈时间为4 d；与多黏菌素或土霉素合用，痊愈时间为2.5 d；而对照新生犊牛常规疗法（抗生素和等渗氯化钠溶液），痊愈时间为5 d。

【处方3】炒陈曲、焦山楂、鸡内金（炒焦）、炒麦芽各30 g，三棱、莪术、草豆蔻各9 g，厚朴、党参、砂仁、炙甘草、炮干姜、小茴香各15 g。

【用法用量】共研为细末，过筛，每次取20~30 g，用开水冲调成糊状，候温灌服，每天2~3次。

【功效】健胃消食，温里祛寒。

【应用】应用本方结合西药治疗，对犊牛消化不良具有较好的效果。

252. 牛支气管肺炎如何诊治?

牛支气管肺炎是临床常见的肺部感染性疾病，也称为小叶性肺炎，主要是由于受寒感冒、饲养管理不善等因素致使机体抵抗力下降，受到病菌侵害所致，常发于寒冷季节的犊牛和体弱的牛群。

病牛发病初期短咳和干咳。随着病情的发展，全身症状加重，精神沉郁，体温升高至41 ℃，呈弛张热，精神沉郁，食欲减退或废绝，反刍减少或消失，呼吸困难，眼结膜潮红或发绀，病牛转变为湿而长的咳嗽，咳出灰白色或黄色黏液或脓性痰液。发病后期，鼻腔流出污秽或有腐败臭味的脓性鼻液，有时混有血液，肺泡呼吸音明显减弱且能听到湿性啰音。

胸部听诊，病灶部肺泡呼吸音减弱或消失，可听到捻发音、支气管呼吸音、干啰音或湿啰音；健康区域肺泡呼吸音增强；叩诊胸部可出现小片浊音区，通常多在肺脏的肩前叩诊区出现。

治宜消除病因，消炎镇咳，制止渗出，促进吸收。重症配以强心补液。抗菌消炎可用青霉素320万IU、链霉素300万IU，肌内注射，每日1次；或注射用头孢噻呋钠2.5 g，一次肌内注射，每天1次，连用5 d；也可用青霉素或磺胺类药物，或其他头孢类抗生素。

制止渗出，可使用10%氯化钙注射液100~200 mL，静脉注射，每日1次。也可用双氢克尿噻0.5~2 g、碘化钾2 g、远志末30 g、温水500 mL，一次灌服，每日1次。

祛痰止咳可采用氯化铵20 g、复方甘草合剂150 mL，分别一次口服；或95%酒精300~500 mL、5%氯化钙注射液120 mL、40%乌洛托品注射液40~60 mL、10%安钠咖注射液30 mL、25%葡萄糖注射液500~1 000 mL，一次静脉注射。也可以中药治疗。

【处方1】麻黄15 g，杏仁8 g，生石膏90 g，双花、连翘各30 g，黄芩、知母、元参、生地黄、麦冬、天花粉各25 g，桔梗20 g。共为细末，开水冲调，蜂蜜为引，一次性灌服。

【处方2】银翘散加减：金银花、薄荷各40 g，连翘、前胡各45 g，牛蒡子、桔梗各60 g，杏仁30 g，共为细末，开水冲调，一次性灌服。

253. 牛大叶性肺炎如何诊治？

牛大叶性肺炎又称纤维素性肺炎，是指主要由肺炎球菌引起的整个肺叶发生急性炎症过程，是以肺泡内弥漫性纤维素性渗出为主的急性炎症过程。病因可分为传染性和非传染性两类。传染性因素主要是指由肺炎球菌、链球菌、葡萄球菌、巴氏杆菌等引起的。非传染性因素是指肺部充血、水肿及炎性细胞浸润等炎症，及受低温、感冒、长途运输、环境卫生条件差和吸入刺激性气体等引发。

病牛初期体温显著升高，通常超过40 ℃，呈现稽留热型，持续数天。精神萎靡，食欲降低，结膜发绀，呼吸困难，频率增加，鼻孔开张，黏膜发绀。随着病情的发展，鼻液呈铁锈色或黄红色，后期可能出现少量脓性鼻液。胸部叩诊可能出现浊音或实音区，肺部听诊可能出现捻发音、干啰音、湿啰音等异常声音。剖检多见单侧肺，偶有双肺出现水肿、充血、出血和坏死。

治宜消炎止咳，制止渗出，促进吸收，重症辅以强心补液。

方案1. ①10%安钠咖注射液20 mL，一次皮下注射，半小时后再用10%异丙嗪注射液4 mL、30%安乃近注射液40 mL、分别一次肌内注射（有过敏者用异丙嗪，高热者用安乃近）。②注射用头孢曲松钠 12 g、生理盐水 2 000 mL，一次静脉注射，每天 2 次，连用 3~5 d。

方案 2. 95%酒精 300~500 mL、5%氯化钙注射液 120 mL、40%乌洛托品注射液 40~60 mL、10%安钠咖注射液 30 mL、25%葡萄糖注射液 500~1 000 mL，一次静脉注射。

方案 3. 麻黄 15 g，杏仁 8 g，生石膏 90 g，双花、连翘各 30 g，黄芩、知母、元参、生地黄、麦冬、天花粉各 25 g，桔梗 20 g，共为细末，开水冲调，蜂蜜为引，一次性灌服。

方案 4. 银翘散加减：金银花、薄荷各 40 g，连翘、前胡各45 g，牛蒡子、桔梗各 60 g，杏仁 30 g，共为细末，开水冲调，一次性灌服。

254. 牛胸膜炎如何诊治?

牛胸膜炎是指由各种原因引起的腔层胸膜与脏层胸膜之间的炎症，伴有渗出液与纤维素蛋白沉积，该病大多由肺部或胸部的病变继发。病程可长达 8 d 至 4 个月，且常继发感染其他疫病。

病牛精神沉郁，食欲减退，反刍迟缓，体温升高，急性病例体温升高至 40~42 ℃，呈稽留热，干性咳嗽，呼吸浅表而急促，表现为腹式呼吸，可视黏膜呈绀色，触诊胸部有痛感，不愿行动或下卧，母牛泌乳量下降，后期胸腔内有积液时叩诊呈水平浊音，听诊有胸膜摩擦音。

治宜抗菌消炎，制止渗出，促进吸收。

方案 1. ①0.1%雷佛奴尔溶液 1 000 mL、注射用青霉素钠 160 万~240 万 IU、0.25%普鲁卡因注射液 200~300 mL，胸腔穿刺排除积液后，用雷佛奴尔冲洗，注入普鲁卡因青霉素溶液。②松节油 500 mL，胸壁涂擦。

方案 2. ①12%复方磺胺-6-甲氧嘧啶注射液 100 mL，一次肌内注射，每天 2 次，连用 5 d，首次量加倍。也可用林可霉素、青霉素、丁胺卡那霉素、庆大霉素、头孢类抗生素等。②5%氯化钙注射液 150 mL、40%乌洛托品注射液 40 mL、10%安钠咖注射液 30mL、25%葡萄糖注射液 1 000 mL，一次静脉注射。

方案 3. 归芍散：当归、白芍、滑石各 30 g，桔梗、麦冬、黄芩各 20 g，贝母、百合、天花粉、木通各 25 g，共为细末，开水冲调，一次性灌服（热盛加双花、连翘、栀子，喘甚加杏仁、葶苈子、枇杷叶，痰液多者加前胡、半夏、陈皮）。

255. 牛脓肿如何诊治?

牛脓肿是指在牛体任何组织或器官内形成的外有脓肿膜包裹，内有脓汁潴留的局限性脓腔。通常是由外界机械力或感染疾病，造成局部脓肿，严重者可导致局部感染及全身败血症。

牛脓肿主要有浅在性脓肿和深在性脓肿。脓肿会导致局部肿胀、疼痛、皮肤温度升高、发红和中央软化，随着病情的发展，脓肿可能会破溃，流出脓汁。同时，病牛也会出现发热、食欲不振等症状。

浅在性脓肿：常发生于皮下结缔组织、筋膜下及表层肌肉组织内。初期局部出现肿胀，与周围组织无明显的界限。触诊时局部温度增高，坚实兼有剧烈的疼痛反应；深在性脓肿：常发生于深层肌肉、肌间、骨膜下、腹膜下及内脏器官。

治疗时，针对脓汁尚未形成且没有出现明显的不适症状时，采用消炎、止痛，促进炎性产物吸收的方法治疗，可用冷疗或封闭等。也可采取热醋或鱼石脂外敷等热疗措施，促进炎症消散和脓肿成熟。

出现局部红肿、疼痛等症状时，选用阿莫西林、头孢克肟等治疗。

针对脓肿较大或已破溃情况时，应尽早手术治疗。具体方法包括手术摘除和切开排脓。手术摘除时应注意不能破膜，整体切除；切开脓汁时，采用双氧水冲洗，并填塞抗生素。在治疗过程中禁止挤压或粗暴擦拭，以免脓汁破溃扩散。

256. 牛创伤如何诊治?

牛创伤是指牛身体受到外力作用导致的皮肤、肌肉、骨骼等组织损伤。常见的牛创伤包括擦伤、刺伤、切创和撕裂伤等。根据其病程可分为新鲜创和化脓性感染创。新鲜创通常多指手术创等尚未感染的创口。

化脓性感染创指创内有大量细菌侵入，创缘及创面肿胀、疼痛，局部温度增高，创口不断流出脓汁或形成较厚的脓痂。

新鲜创包括擦伤、刺伤、切创、裂创、挫创、咬创等。

擦伤：皮肤表层被擦破，创伤部被毛和表皮剥脱，创面有少量血液和淋巴液渗出。

刺创：创口不大，有深而窄的创道，深部组织常受损伤，通常出血较少。有时刺入物折断于创内，如不及时取出，极易感染化脓。

切创：创缘及创面整齐，出血较多，有时创口裂开较宽。

裂创：组织撕裂或剥离，创缘及创面不整齐，创内深浅不一，创口裂开显著。

挫创：创形不整，常有明显挫灭组织，严重时软组织被挫断或挫灭，创内常存被毛、泥土等，极易感染化脓。

咬创：被咬部呈管状创或近似裂创，创内常有挫灭组织，易感染或中毒。

新鲜创的治疗措施主要包括止血、清洁创围、清理创腔、缝合与包扎。

创伤止血：主要采用压迫、钳夹、结扎等方法，使用止血粉等止血剂，撒布于创面，必要时可应用安络血、维生素 K_3 或氯化钙等全身性止血剂。

清洁创围：用灭菌纱布将创口盖住，剪除周围被毛，再用 0.1% 新洁尔灭溶液或生理盐水将创围洗净，最后用 5% 碘酊进行创围消毒。

清理创腔：用镊子仔细去除创内异物，反复用生理盐水洗涤创腔，然后用灭菌纱布吸蘸创内残存的药液和污物，再于创面涂碘酊。

缝合与包扎：创面比较整齐，可行密闭缝合；当存在感染危险时，可进行部分缝合；当创口裂开过宽，可缝合两端；当组织损伤严重或不便缝合时，可使用开放疗法；当组织损伤或污染严重时，应及时注射抗生素。

化脓性感染创的治疗主要包括清洁创围、冲洗创腔、清理创腔、引流、抗菌消炎等。

清洁创围及清理创腔方法同新鲜创。

冲洗创腔：可用0.1%高锰酸钾液，或3%双氧水，或0.1%新洁尔灭液等冲洗。

引流：用10%磺胺乳剂创面涂抹或纱布条引流。

抗菌消炎：有全身症状时可适当选用抗菌消炎类药进行治疗。

257. 牛结膜炎如何诊治？

牛结膜炎是指牛眼结膜受外界刺激和感染而引起的以羞明、流泪、疼痛、结膜充血肿胀为特征的炎症。病牛表现为结膜充血、发红、肿胀，结膜囊内出现泡沫状分泌物，流泪，疼痛，畏光，眼睑痉挛；部分出现视力下降，严重时可能出现失明，角膜混浊、溃疡，甚至穿孔。

生理盐水或温开水清洗眼睛，或3%硼酸液或0.5%~1%明矾液洗眼，清除分泌物和异物；注射用青霉素钠40万IU、1%普鲁卡因溶液3 mL、0.5%氢化可的松注射液2 mL，牛一次结膜内注射。

感染引起的结膜炎可使用抗生素眼药水治疗，也可以用蒲公英600 g、金银花150 g，加水1 000 mL煎成500 mL，或黄柏30 g，加水500 mL煮沸20 min，滤液点眼。病毒引起的结膜炎可使用抗病毒药物进行治疗。

严重时可使用手术治疗，包括结膜囊清洗、异物摘除、切除病变组织等。手术后需要定期进行换药和消毒，同时给予适当的抗生素治疗。

258. 什么是牛牙齿异常？

牛牙齿异常是指乳齿或恒齿数目的减少或增加，齿的排列、大小、形状和结构的改变，以及生齿、换牙、齿磨灭异常等。

临床上常见牙齿发育异常、牙齿磨灭不正及龋齿。

牙齿发育异常主要包括赘生齿（牛定额齿数以外新生的牙齿）、换牙失常（乳齿未按时脱落，水久齿从下面生出）、牙齿失位（颌骨发育不良，齿列不整齐，导致牙齿齿面不能正确相对）。

牙齿磨灭不正主要包括斜齿（下颌过度狭窄，常因经常性使用一侧臼齿咀嚼而引起）、剪状齿（臼齿中有一个特别长，突出至对侧，常发生于对侧臼齿短缺的部位）、波状齿（臼齿磨灭不正，造成上下臼齿咀嚼面高低不平，呈波浪状）、阶状齿（臼齿长度不一致，常见于若干臼齿交替缺损，而其对应的臼齿则相对过长）、滑齿（指臼齿失去正常的咀嚼面）。

龋齿是指牙釉质、牙本质和牙骨质损伤，同时伴有牙齿硬组织损伤。

259. 牛牙齿异常致病因素有哪些？

牛牙齿异常致病因素主要与遗传因素、替牙期问题、不良生活习惯、外伤因素、牙周疾病等有关。

遗传因素：父母代双方或一方存在牙齿不齐的情况时，可能会遗传给后代，导致牙齿不齐。

替牙期问题：乳牙期或替牙期的犊牛，由于乳牙没有脱落而恒牙长出，导致牙齿不整齐，多由于犊牛生长发育期间，不良的咬合习惯引起。

不良生活习惯：存在偏侧咀嚼、咬硬物等习惯，或习惯用一侧牙齿进行咀嚼，导致一侧牙齿过度生长，出现牛牙齿不齐的情况。

外伤因素：主要是由外力撞击引起，会导致患牙出现牙震荡、牙折等情况，导致牙齿与周围组织粘连，出现脱位、折断，造成牙齿松动、牙齿错位，导致牛的牙齿不齐。

牙周疾病：常见于牙周炎、牙龈炎、牙周脓肿、根尖周炎等牙周疾病。若患有牙周疾病，由于牙龈萎缩、牙根暴露等原因，导致牙齿出现松动，造成牙齿排列不整齐。

260. 牛牙齿异常如何治疗？

过长齿：用齿剪剪去过长的齿冠，再用齿锉或齿刨等工具进行修整，要避免损伤牙齿周围的齿龈和颌骨，同时要注意保持口腔卫生。

锐齿：用齿剪剪去尖锐的齿尖，再用齿锉适当修整其残端。

龋齿：轻度龋齿可用硝酸银饱和溶液涂擦龋齿面，以阻止其继续向深处崩解；中度龋齿应彻底除去病变组织，消毒并充填固齿粉；重度龋齿应实行拔牙术。

牙齿排列不整齐：可使用牙齿矫形器进行矫正。在矫正过程中，要保持牛的口腔卫生，定期进行口腔检查和清洁。

拔除病牙：出现严重松动、龋坏或折断等的牙齿，可以考虑将其拔除。在拔除后，要注意保持口腔卫生，避免感染和炎症。

对于由牙周炎、牙龈炎等引起的牙齿异常，可以考虑使用抗生素、消炎药等治疗。在使用药物时，要严格按照兽医的建议进行用药。

261. 牛脐疝如何诊治？

牛脐疝是一种常见的外科疾病，通常是由于脐部先天性缺损、脐部发炎及脐部受到其他损伤等原因导致脐孔闭合不全，腹腔内脏器官通过脐孔脱出至皮下而形成疝，主要发生于初生犊牛。

病牛脐部出现局限性球形肿胀，质地较软，无明显的红、热、痛等炎性反应，当改变体位时，疝内容物可复位至腹腔，并可摸到疝轮。听诊疝囊部位时可听到肠蠕动音。当腹内压增大时，脐疝也增大。随着病程的发展，疝内容物会与疝囊发生粘连，致使无法恢复至腹腔，同时皮肤隆起处还会形成水肿，往往伴有热痛反应。病程持续较长的病牛，由于其内容物无法正常循环而造成淤血，严重时发生坏死。

如发生嵌闭性脐疝，病牛精神极度不安，出现不同程度的疝痛，部分也会出现体温升高、精神沉郁、食欲不振等症状；脐部呈现局限性肿胀，质地柔软，缺乏红、热、痛等炎性反应。病初多数能在挤压疝囊或改变体位时将疝内容物还纳到腹腔，并可摸到疝轮，听到肠蠕动音，后期由于肠管粘连往往形成不可复性疝。

保守疗法：适用于病情较轻、疝囊较小、没有出现明显不适症状的脐疝。可用绷带压迫疝孔，再用95%酒精或10%氯化钠溶液在疝轮四周分点注射，促进局部炎性增生。避免牛过度运动和剧烈奔跑，减少腹内压增高的因素。

手术治疗：用于保守治疗无效或病情较重的牛。术前禁食1~2 d，减少腹内压对手术的影响；术前对手术部位进行剪毛、清洗和消毒，全身麻醉或局部浸润麻醉，仰卧保定；根据疝囊的大小和位置，选择适当的手术切口，切开皮肤和疝囊，还纳疝内容物，切除疝囊并缝合伤口；术后护理，包括保持饲养环境干燥、卫生、定期消毒，使用抗生素预防感染等措施。

262. 牛外伤性腹壁疝如何诊治？

牛外伤性腹壁疝通常是由于腹壁受到钝性暴力作用，导致腹壁或腹腔内脏器官通过腹壁的缺损或薄弱部位突出，形成疝，肉牛养殖中较为常见。

病牛腹壁局部突然出现一个局限性扁平、柔软、有弹性的肿胀，触诊时有疼痛、温热感。炎症初期，疝轮及内容物不明显，消肿后明显，可听到肠音。随着病程的发展，出现食欲不振、呕吐等症状，发生嵌闭性不可复疝时，腹痛剧烈。

保守疗法：适用于发病初期尚不存在粘连的外伤性腹壁疝，具体方法是在疝孔位置安放特制的软垫，然后压迫并填塞疝孔。随着炎症及水肿的消退，疝轮即可自行修复愈合。风险在于压迫绷带会因移动而影响治疗效果。

手术疗法：是治疗外伤性腹壁疝较为可靠的措施。首先将牛站立或侧卧保定，局部浸润或腰旁神经传导麻醉，同时配合静松灵（主要成分是2，4-二甲苯胺噻唑）或846合剂（包括静松灵、乙二胺四乙酸、盐酸二氢埃托啡和氟哌啶醇等成分）等药物，进行全身浅麻醉，准确选择切口部位，病初尚未粘连时，可在疝轮附近开一切口；如已经粘连，则在疝囊处皮肤开一梭形切口，然后依次钝性分离皮下组织，将内容物还纳入腹腔，最后缝合疝轮，闭合切口。术后应加强护理，给予营养丰富易消化的饲料，避免高强度的运动，注意卫生，避免感染而继发其他疾病。

263. 牛腹股沟阴囊疝如何诊治？

牛腹股沟阴囊疝通常是由于腹腔内脏器官通过腹股沟管突出至阴囊所引起的，在公牛中较为常见。临床根据其是否可复位将其分为可复性疝和不可复阴囊疝。

牛腹股沟阴囊疝主要表现为腹股沟区域和阴囊部出现肿胀，通常伴有阴囊肿大。病牛站立、行走时姿态异常，随着病程的发展，出现疼痛、食欲不振、精神萎靡等症状。严重时，可发生肠梗阻或肠坏死等并发症，甚至死亡。

可复性疝：阴囊皮肤紧张、增大、下垂，无热、无痛，触之柔软，有弹性，无全身症状常可还纳于腹腔内。能摸到腹股沟外环，阴囊肿大，听诊有肠音。

不可复阴囊疝：又称嵌闭性阴囊疝。阴囊皮肤紧张、水肿、发凉，阴囊肿大，摸不到睾丸。若脱出时间过长可发生粘连，触诊有热痛，疝囊紧张，可能会引发全身症状。

保守治疗：适用于症状较轻的病牛。具体方法包括将病牛置于安静的环境中，减少刺激和活动，同时进行止痛和消炎治疗。如果疝内容物可以复位，可以尝试用手法复位或压迫绷带法进行治疗。治疗期间加强护理，避免过度运动、外力撞击等。

手术治疗：适用于症状较重或保守治疗无效的病牛。在手术前对病牛进行麻醉，然后在腹股沟区域进行剪毛、清洗和消毒。依次切开皮肤和浅、深层的筋膜至暴露总鞘膜，然后将总鞘膜与周围组织分离出来，还纳疝内容物入腹腔。如疝内容物出现坏死或肠粘连，需进行切除或引流。在剥离时用浸以温热灭菌生理盐水的纱布慢慢分离粘连肠管，再将内容物还纳入腹腔。然后贯穿结扎总鞘膜并切断，伤口局部撒以消炎药，皮肤和筋膜做结节缝合。未去势的，可在手术的同时摘除睾丸。术后需要进行防感染和止痛治疗，并定期进行复查。

264. 牛直肠脱如何诊治?

牛直肠脱是指直肠的一部分甚至大部分向外翻转脱出肛门外，该病是牛常见的多发病。病牛初期排便困难，努责过度，食欲减退或废绝，卧地或排便后，可见肛门外有圆柱状下垂的肿胀物，呈鲜红色圆形，柔软，伴有轻度水肿，起立或行走后可自行缩回。随着病情的发展，脱出的黏膜逐渐增大，丧失自行缩回的能力，脱出的直肠受到肛门括约肌的压迫而发生血行障碍，水肿加重。脱出的部分通常不大，呈柔软圆形或圆柱状，表面污秽不洁，干燥龟裂，且颜色呈暗红色或紫黑色。严重病例中，由于脱出的肠管长期暴露于体外，导致水肿加剧，黏膜表面干硬，颜色变为污秽的暗紫色或褐色，并出现溃烂、瘀血、坏死、穿孔或直肠壁破裂等症状，引起感染并出现全身症状。

整复脱出部位：适用于轻症的病牛，将脱出部分用0.1%的高锰酸钾溶液冲洗干净，并用2%的明矾溶液收敛及热毛巾温敷，清洗消毒后，涂撒消炎药，在病牛没有努责的情况下，缓缓将其还纳于肛门内。

固定肛门：适用于复位后反复脱出的病牛。为防止复位直肠继续脱出，在肛门周围做袋状缝合，中央应留有二指宽的排粪孔。

手术切除：适用于脱出肠管严重坏死、溃烂，不能整复的病牛，应立即施行直肠切除术。保定和麻醉后，清洗消毒脱出的肠管，切除坏死的肠管，进行肠管端端吻合。缝合完毕，用新洁尔灭溶液冲洗消毒后，涂撒消炎药，还纳于肛门内，通常7 d左右可拆除缝线。

265. 牛骨折如何诊治?

牛骨折通常是指由于摔倒、撞击、挤压等外力作用导致的骨骼断裂，会引发剧烈的疼痛、肿胀、活动障碍等症状，需要及时进行治疗。

病牛表现为剧烈疼痛，不安或躲避，骨折部位肿胀或血肿，与对称体位相比有明显差异，触摸骨折部位时其疼痛感明显，严重时出现全身发抖和局限性出汗，甚至引起休克。如四肢骨折时，可能出现重度和中度跛行，或患肢悬垂，不敢着地等症状。

保守治疗：适用于轻微骨折，没有明显的错位或只有轻微移位的病牛，可通过多卧位休息的方式进行改善，避免做剧烈运动，也要避免过量运动。

手法复位或固定治疗：用于骨折严重出现明显的错位或者断裂的病牛。

内固定术：通过手法复位或固定治疗无法得到有效改善时，可通过手术切开以内固定术的方式进行治疗。如果是开放性骨折，应先止血，然后包扎、固定。

对重症骨折，应给予镇痛剂缓解疼痛，预防休克。术后将病牛拴在栏圈里，暂时限制活动，经 3~4 周后根据骨折愈合情况，适当运动，锻炼患肢功能。

266. 牛关节脱位如何诊治?

牛关节脱位是指牛的关节失去了正常的对合关系，导致关节功能丧失或部分丧失。临床常见的关节脱位部位包括肩关节、肘关节、髋关节和膝关节等。

病牛关节变形、肿胀，脱位关节骨端向外突出，正常部位变为突起或凹陷，关节周围肌肉紧张，或是两骨端固定于异常位置，或肢体长期处于外展屈曲或伸展，或患肢延长或缩短，病牛常因疼痛而出现畏缩、不愿走动；四肢关节脱位时，病牛跛行或卧地无法站立。

手法复位：适用于轻症关节脱位的病牛，通过适当的按摩和牵引，将脱位的关节恢复到正常的位置。

固定治疗：适用于无法手法复位或关节脱位严重的病牛，将脱位的关节用石膏、绷带等固定装置固定在适当的位置，以促进关节的愈合和恢复。

267. 热应激对牛的危害有哪些?

热应激对牛采食量的影响：外界温度升高引起的热应激往往导致奶牛采食量下降。奶牛在22~25 ℃时采食量开始下降，30 ℃以上时明显下降，40 ℃时采食量不会超过18~20 ℃时的60%，40 ℃以上时有的不耐热品种将停食，产奶量下降。

热应激对繁殖率的影响：母牛卵细胞的分化、发育，受精卵着床分娩，性机能及第二性征的表现都可受到热应激的干扰而出现障碍。在热应激下，促肾上腺皮质素大量分泌干扰垂体前叶其他激素的分泌，从而导致生长母牛性腺发育不全，成年母牛卵子生成和发育受阻，使精子与卵子的受精率下降。

热应激对血液生化指标的影响：热应激可显著降低母牛血清中γ-球蛋白含量，导致机体免疫力减弱。夏季母牛乳房炎发生率较高，热应激可引起血钙含量明显下降，由于牛采食量减少，钙摄入量不足，血钙浓度下降，导致缺钙症。

268. 牛热应激如何防治?

改善牛舍和牧场环境：牛舍应建造在通风良好处，屋顶应装通气楼，促进牛舍热量和水分的排出。采用绝热性能好的材料建造屋顶或增设顶棚，以减少辐射热。牛舍和运动场周围植树种草减少日光辐射，改善牛场小气候，防止热气进入牛舍。但植树不宜过密，否则影响通风。

改善饲喂技术：通过调整、改善饲料结构和饲喂技术，增加优质粗料和适口性好、易消化的饲料，如苜蓿干草、胡萝卜、甜菜渣等。夏季日粮能量浓度要高，体积要小，尽量满足其营养元素的需要。提高过瘤胃蛋白的比例，占粗蛋白的35%~38%，添加保护脂肪、整粒棉籽等过瘤脂肪，日粮中脂肪含量达5%~7%。

夏季高产牛舍应重视挤奶厅、待奶厅和放牧场的防暑降温，降低饲养密度，增加空气流通，及时清除粪尿，保持牛体和牛舍环境卫生，如消灭蚊蝇。

269. 牛腐蹄病如何诊治？

腐蹄病是一种以真皮或角质层、蹄间皮肤及其深层组织腐败化脓为特征的局部化脓坏死性炎症，以蹄部红肿、疼痛、发热和化脓为特征，病牛不愿意站立、食欲减退及消瘦等症状。

病牛初期轻度跛行，喜卧，强行站立时常提举病肢，患蹄刨地，蹄系部和球节屈曲。随着病程的发展，病牛体温升高，食欲减退，精神沉郁，逐渐消瘦，趾间皮肤和蹄冠呈暗红色、发热、肿胀、敏感，皮肤裂开，有恶臭味。蹄底不平整，角质呈黑色。严重时，病蹄角质分离，甚至整个蹄匣脱落。

蹄部病变部位进行彻底的清洗与消毒，去除污物与坏死组织。用0.1%高锰酸钾或0.1%新洁尔灭溶液洗净患蹄后，将蹄底修平，彻底清除坏死组织后，用3%双氧水和生理盐水冲洗创腔。

用10%碘酒对创腔消毒，再撒布高锰酸钾粉于创面上，然后用无菌纱布填充创腔，最后用绷带包扎。重症病牛可采用局部封闭注射普鲁卡因、青霉素等措施，如注射用青霉素钠400万IU、注射用丁胺卡那霉素200万IU、注射用水20 mL，分别一次肌内注射，每天2次，连用5 d；重症可用头孢类抗生素静脉注射，必要时强心补液。全身症状明显者，采用对症疗法。

蹄部形状异常或存在裂缝时，需进行修整，修整时应注意保护周围组织，避免过度修复而损伤周围组织。

蹄部存在脓肿时，需切开脓肿并引流，及时排出脓汁，以促进愈合。

270. 母牛流产的原因有哪些？

母牛流产通常是因母牛孕期生理改变而造成胎儿在妊娠期死亡，以及母牛激素调节机能紊乱、机体失去保胎能力及子宫发生异常收缩等造成。造成流产的主要因素如下。

日常及孕期饲料营养不足、饲养水平过低、草料不足或营养不平衡等因素，致使母牛体质瘦弱，迅速掉膘，从而引起母牛流产。

中毒，如饲喂了发霉变质的饲料、青冈叶、过多的马铃薯苗、高粱苗、患黑斑病的甘薯等均可引起母牛中毒而造成流产。

疾病因素如母牛感染布鲁菌病、胎儿弧菌病、毛滴虫病和钩端螺旋体病等传染性疾病可造成流产。另外，如子宫畸形、胎盘坏死以及其他各内脏器官的疾病，如治疗不及时或治疗不当，或给予孕期禁忌药品，均可造成母牛流产。

过冷刺激，母牛在怀孕期，如饲喂了冰冻草料、霜草、冰水或使役后急饮冷水，均可引起母牛子宫异常收缩而造成流产。

管理或使役不当，如牛舍过挤、潮湿阴暗、互相冲撞、摔倒、突受惊吓等或在使役过程中打冷鞭急转弯、超负荷使役等，均可引起流产。另外，做直肠检查时操作粗放也可造成流产。

271. 母牛流产如何诊治?

牛流产是指怀孕母牛因各种原因导致胎儿无法正常分娩，主要发生于怀孕早期或中期。

牛流产包括隐性流产、排出未足月胎儿、胎儿干尸化、胎儿浸溶、胎儿腐败分解等。

隐性流产：主要发生于妊娠初期，胚胎早期死亡，大部分或全部被母体吸收，病牛屡配不孕，食欲减退，精神不振，在妊娠后期又重新恢复而发情。

排出未足月胎儿：分为小产和早产。小产是指排出未经变化的死胎，胎儿及胎膜很小，常在无分娩征兆的情况下排出，多不被发现；早产是指排出不足月的活胎，有类似正常分娩的征兆和过程，早产胎儿通常活力较低，需精细化的护理，成活率通常很低。

胎儿干尸化：胎儿死于子宫内，子宫收缩明显微弱，子宫颈管不开张或开放不大，死后的胎儿长时间滞留在子宫内，胎儿及胎膜的水分被吸收后体积缩小变硬，呈棕黑色，犹如干尸。

胎儿浸溶：通常是指胎儿死于子宫内，由于子宫颈开张，非腐败性微生物侵入，使胎儿软组织液化分解后被排出，但常因子宫颈开张有限，胎儿骨骼存留于子宫内。病牛表现为精神沉郁，体温升高，食欲减退，腹泻，消瘦。随母牛努责可见有红褐色或黄棕色腐臭的黏液及脓液排出，且常带有小短骨片，母牛尾及后躯被黏液污染，干后形成黑色的结痂。

胎儿腐败分解：通常是指胎儿死于子宫内，由于子宫颈开张，腐败菌侵入，使胎儿内部软组织腐败，从母牛阴门流出污红色恶臭液体。病牛表现为精神不振，呻吟不安，食欲减退，体温升高，频频努责，腹围膨大。

因疫病因素引发的母牛流产，应针对病因采取抗炎、抗病毒、抗感染等治疗；因营养因素引发的流产，需加强饲养管理，提供营养均衡的饲料。因胎儿死亡或损伤因素引发的流产，需采取措施促使胎儿排出，可以采取注射催产素、按摩子宫等措施，促进子宫收缩，使胎儿排出，并剥离胎膜，冲洗子宫，以防继发病的发生。如子宫颈口开张不足时，可肌内或皮下注射前列腺素或己烯雌酚，促使宫颈开张。存活胎儿，应全力保胎，以防流产，可用黄体酮注射液 50~100 mg，肌内注射，每天 1 次，连用 2~3 次，或肌内注射维生素 E。

272. 母牛不孕的原因有哪些？

母牛产后不孕是指具有正常生育能力的母牛，在产犊后长时间不发情或发情周期紊乱，经过多次配种而不受孕的症状。原因主要有以下几个方面。

环境因素：牛舍空气污浊，空气含氨量过高，圈舍湿度过大，夏季闷热，冬季过冷，均可致使母牛发情率低，受胎率差。

饲养管理因素：母牛产后营养严重不足，致使发情受阻，或是表现发情不规律；母牛营养过剩，膘情过肥，脂肪沉积过多，致使卵巢周围形成脂肪浸润，卵泡发育受阻，导致母牛屡配不孕。

配种时间和配种技术：配种时间是否合适、输精部位是否准确、消毒措施是否到位、解冻程序是否严格等因素均可导致母牛不孕，同时，母牛排卵后，过早或过晚输精均可导致母牛不受孕。

产科疾病：当母牛感染某些病毒、细菌、寄生虫及其他传染性疾病，或是发生难产、胎衣不下、子宫脱出等疾病时，引起生殖器官炎症而导致产后不孕。另外，卵巢囊肿、持久黄体也可造成母牛发情周期紊乱或不发情。

273. 母牛不孕如何防治?

根据母牛发情表现准确掌握输精时间。通常母牛在产后 10 d 左右即出现发情症状，因此，在母牛产犊 3 周后，及时观察母牛的发情情况。母牛产后 1~3 个发情期发情、排卵均表现规律，此时受胎率也较高。母牛发情周期平均为 21 d，发情持续期约为 18 h，排卵时间通常在发情结束后，最佳输精时间在其排卵前 6 h 前后。

提高配种技术。熟练掌握直肠把握输精技术，严格遵守操作规程，动作应熟练而轻柔，消毒要严格，输精部位要准确，不损伤母牛生殖道，有利于提升受胎率。

加强产前、产中和产后母牛的护理和饲养管理。母牛临产前应做好产房、助产绳具等消毒准备工作，在接产过程中应严格消毒，防止生殖道感染；母牛舍应做到通风、排水良好、空气清新、冬暖夏凉；保证饲料配比科学、营养均衡、饲喂量适宜，避免营养水平过高，防止因膘情过肥而导致母牛卵巢被脂肪浸润，进而影响卵泡成熟和排卵；在饲料配比时特别要注意日粮中维生素 A、维生素 D、维生素 E 的含量及矿物质元素磷的含量和比例，通常比例为（1.5~2.0）：1，即可满足母牛日常营养需求；日常管理上，要保证母牛产后得到充足的光照，并保持适当的运动量，同时密切观察母牛产后发情情况，争取在产后第二个发情期或两个月内配种成功，减少人为因素造成的配种失败。

严格执行兽医防疫措施，防止严重影响母牛繁殖的传染性疾病如布鲁菌病等的发生。严格执行疫苗免疫，做好场区卫生管理，及时对患有子宫内膜炎、阴道炎、卵巢囊肿、持久黄体等生殖系统疾病的母牛进行治疗，防止不孕的发生。发病后也可以使用以下中药进行治疗。

【处方 1】八珍汤加减：党参、白术、茯苓、当归、白芍、熟地黄各 40 g，甘草、川芎、艾叶各 30 g，附子 20 g。

【用法用量】研末，开水冲调，候温灌服，每日 1 剂，连服 5~7 剂。

【功效】暖宫散寒，益气补血。

【应用】本方适用于宫寒虚弱型不孕。

【处方 2】银翘红酱汤加减：银花、连翘、红藤、败酱草各40 g，当归、熟地黄、党参各 30 g，黄连、白术、茯苓各 20 g，甘草 15 g。

【用法用量】研末，开水冲调，候温灌服，每日 1 剂，连服 5~7 剂。

【功效】清热燥湿，滋阴补肾。

【应用】本方适用于湿热带下型不孕。

【处方 3】陈夏六君子汤加减：陈皮、党参、茯苓、白术各30 g，半夏、生姜、甘草各 20 g。

【用法用量】研末，开水冲调，候温灌服，每日 1 剂，连用 10 d。

【功效】燥湿化瘀。

【应用】本方适用于营养过剩型不孕。减少饲料中碳水化合物含量，增加运动量。

【处方 4】自拟益母汤：益母草 300 g，丹参 200 g，当归 150 g，菟丝子 100 g。

【用法用量】水煎，加红糖 250 g 为引，一次性灌服。

【功效】补虚，活血，祛瘀。

【应用】不孕奶牛无发情的，不论何时均可每周服 1 剂，连服 3 剂；有发情或性周期紊乱的，在发情后 1 周服药，5 日 1 剂，连服 2 剂。用本方治疗牛不孕症效果特佳。

【处方 5】加减四物汤：白芍、香附、姜黄各 40 g，菟丝子、小茴香各 60 g，当归、白术、茯苓各 45 g，益母草、淫羊藿各 80 g，肉桂、熟地黄、甘草各 30 g。

【用法用量】水煎，候温灌服，每天 1 剂，连用 3 剂。

【功效】益气养血，活血散瘀。

【应用】用本方治疗奶牛不孕症35例，治愈31例。

【处方6】益母草60 g，淫羊藿40 g，党参、山药、菟丝子、元胡、当归各30 g，升麻25 g，熟地黄20 g，甘草15 g。

【功效】益气养血。

【用法用量】水煎，取汁灌服，每天1剂，2~6剂为一疗程。

【应用】应用本方治疗200多头不孕母牛，受胎率达85%以上。一般1个疗程即可治愈，个别严重病例需2个疗程。

274. 母牛产后胎衣不下如何诊治？

胎衣不下是指母牛在产后12 h以内仍未能把胎衣排出的病症，各种动物均可发生，但母牛比其他动物多发。

病牛表现为弓腰拘尾，腹部疼痛，不断努责做排尿状。体温升高至40 ℃及以上，精神沉郁，食欲减退，饮水有所增加，阴部可能会流出恶露，随着病情的发展，色泽逐步变为粉红色、棕色或灰色，散发恶臭，胎衣部分或完全悬挂于阴门之外。

产后8~12 h皮下或肌内注射垂体后叶素500~1 000 u，促进子宫收缩，或是静脉注射200~300 mL浓盐水；向子宫内注入5%~10%的高渗盐水或25%~50%的高渗糖水，高渗液具有刺激子宫收缩的作用，致使胎儿胎盘缩小，促进母体胎盘分离；母牛子宫内注入土霉素、金霉素等长效广谱抗生素，预防胎盘腐败而导致的炎症。也可以使用中药制剂活血祛瘀汤（当归60 g，川芎25 g，五灵脂10 g，桃仁、红花各20 g，枳壳30 g，乳香、没药各15 g，共为细末，开水冲调，黄酒300 mL为引，一次性灌服）治疗体温升高、努责、疼痛不安的病牛。

275. 牛卵巢囊肿如何诊治？

牛卵巢囊肿是指在卵巢上形成囊性肿物，数量为1个到数个，直径为1~5 cm，主要是卵泡囊肿和黄体囊肿两种。

卵泡囊肿时，通常表现为病牛发情异常，出现持续而强烈的发情现象，又称为慕雄狂。病牛发情周期缩短，发情期延长，高度性兴奋，哞叫不安，频繁排粪、排尿，随着病程的发展，食欲减退，消瘦，因盆腔韧带松弛，尾根与坐骨结节间形成明显凹陷。黄体囊肿时，病牛由于血浆孕酮的浓度升高，表现长期不发情。

直肠检查时，可摸到卵巢上有 1 个或数个泡壁紧张而有波动的囊泡，或黄体比正常卵泡大 1~3 倍，多次检查，依然存在。

卵泡囊肿的治疗：肌内注射促性腺激素释放激素，400~600 μg/次，每天 1 次，连用 1~4 次，但总量不得超过 3 000 μg。通常在用药后 15~30 d，囊肿逐渐消失而恢复正常发情排卵。

黄体囊肿的治疗：肌内注射促黄体素，200~400 IU/次，通常3~6 d后囊肿症状消失，形成黄体，15~30 d 恢复正常发情周期。配合绒毛膜促性腺激素静脉注射，2 500 ~ 3 000 IU/次，或肌内注射 5 000~10 000 IU/次，有促进黄体形成的作用。同时可以配合中药治疗，如三棱、莪术、香附、藿香各 30 g，青皮、陈皮、桂枝、益智仁各 25 g，肉桂、甘草各 15 g，共为末，开水冲，一次性灌服。

对于较大的囊肿，可手术摘除囊肿或切除患侧卵巢。

276. 牛子宫内膜炎如何诊治？

牛子宫内膜炎是在母牛分娩时或产后由于微生物感染所引起的，是奶牛不孕的常见原因之一。通常包括隐性子宫内膜炎、慢性子宫内膜炎、慢性化脓性子宫内膜炎。

隐性子宫内膜炎：病牛通常无明显临床症状，发情周期正常，正常配种后不易受孕。

慢性子宫内膜炎：病牛临床症状不明显，发情、排卵正常，屡配不孕或配种受孕后发生流产，食欲减退，产奶量降低，有时阴门流出混浊黏液。直肠检查时，子宫颈阴道部肿胀、充血，阴道内含有絮状物的透明黏液。

慢性化脓性子宫内膜炎：病牛精神萎靡，食欲减退，久不发情或发情持续，频繁努责，呈现排尿状，阴门流出少量黏液或脓性分泌物，颜色可能为污红色或棕黄色，随着病情的发展，排出大量恶臭的灰白色或黄褐色脓性分泌物，附着于尾根处并结痂。

子宫冲洗：使用温热的生理盐水或1%~2%的双氧水溶液冲洗子宫，清除子宫内的脓汁、坏死组织和异物，冲洗后用子宫收缩剂如催产素等帮助子宫收缩，采用土霉素、庆大霉素、青霉素、链霉素及磺胺类药物等药物治疗。若重症子宫内膜炎有全身症状时或肌内注射磺胺类药物或抗生素无效时，注射用头孢噻呋钠2.5 g、1%地塞米松注射液3 mL、5%氯化钙注射液120 mL、5%葡萄糖生理盐2 000 mL，头孢噻呋钠、地塞米松、氯化钙分别配糖盐水静脉注射。

子宫软化：灌注鱼石脂溶液，纯鱼石脂8~10 g，溶于1 000 mL蒸馏水中，每次灌入100 mL，1~3次即可。

配合具有清热解毒、抗菌消炎、活血化瘀功效的中药，如酒当归、熟地、茯苓、制香附、白术各30 g，酒白芍、吴茱萸、丹皮各20 g，砂仁、元胡、川芎各15 g，陈皮25 g，共为末，开水冲，一次性灌服，每天1剂，连用3剂；血虚有寒加肉桂、炮姜、熟艾各15 g，血虚有热加炙黄芩3 0 g、白薇25 g。

277. 牛难产如何诊治？

难产又称异常分娩，通常是指由于母体或胎儿异常引起的胎儿不能顺利通过产道正常分娩的疾病。到预产期的母牛，分娩时间通常在8 h左右，若母牛开始努责后，超过了8 h还未产下牛犊，则可判定为难产。致病的因素主要包括胎儿过大、胎位不正、母牛的骨盆狭窄、子宫颈扩张不全、子宫收缩无力等。

病牛出现长时间阵缩和努责，不见胎膜和胎儿任何部分露出，或露出胎儿口部和头部，不见双蹄露出，或露出一腿不见另一腿露出，或露出两条前腿，不见头部露出，分娩时间延长，也会表现烦躁不安、呕吐，阴唇湿润且松弛，阴道有羊水、黏液、污物流出，频繁回头观望阴部及腹部等症状。

难产初期利用母牛体力尚好、产道润滑、胎儿尚活的有利时机，尽快将胎儿拉出。

病牛出现严重的子宫颈扩张不全或子宫收缩无力等情况，注射药物促进子宫颈扩张或刺激子宫收缩。

病牛产力不足时，肌内注射催产素，40～80 IU/（头·次）。

胎位异常及胎势异常时，可通过实施人工辅助措施纠正其方向及位置，将胎儿拉出来。

如果以上措施均无法解决，应及时采取剖宫产等手术。

278. 母牛阴道脱出如何诊治？

阴道脱出是指阴道壁的部分或全部脱离正常位置，突出于阴门之外的症状，多发生于孕末期或产后母牛，常见于产后。

阴道部分脱出的治疗：如脱出阴道壁可自行恢复，及时采取措施防止脱出部分扩大，避免损伤，通常不必使用药物治疗。但要适当提高病牛运动时间，减少下卧，将其站立于前高后低的倾斜地面，以减轻腹内压。将病牛尾拴于体躯一侧，防止刺激和擦伤脱出的黏膜，同时改善病牛的饲养管理，增加易消化的饲料。

阴道完全脱出的治疗：对站立后无法自行缩回的病牛，应尽早采取手术治疗。阴道完全脱出手术包括整复、固定及手术切除等；整复前，先让病牛站在前高后低的地方，以减轻骨盆腔压力，有利于整复。

手术方法 1：术者无菌操作抵住脱出的阴道壁末端压迫子宫颈，把阴道向前推进，使其复位，并停留一段时间，母牛不再表现努责时将手退出；复位后向阴道注入消炎药；如果母牛努责表现强烈，可在阴道肌肉内注入 10～20 mL 2%普鲁卡因，或采取在尾间隙硬膜外麻醉、注射肌肉松弛剂等措施。

手术方法 2：先无菌操作将脱出的阴道托起，当病牛不努责时，将脱出的阴道壁从靠近阴门的部分开始向阴门内推进；为防止阴道壁再次脱出，复位后需加以固定，阴道固定临床采取的方法主要有以下几种：一是在阴门两旁及上下部分选择四个点，分别注入10 mL 70%的酒精，进针深度约为 10 cm，一边注射一边退针，能够刺激阴门周围组织使其肿胀，从而压迫阴门防止阴道壁脱出；二是缝合阴门，是临床较常用的固定方法，常用的缝合方法有圆枕缝合、袋口缝合及双内翻缝合；缝合结束后应对手术部分擦拭碘伏进行消毒。

为了防止术后感染，每天应擦拭碘伏进行消毒；7 d 后，病牛不再表现努责时方可拆线；对于习惯性阴道脱出的病牛，可采取阴道侧壁坐骨孔缝合固定法。注意，进行复位手术时，术者及助手应事先按外科手术常规消毒，并将指甲剪短磨光以免损伤阴道。整复后给予补中益气汤（黄芪、白术、党参、升麻各 30 g，柴胡、当归各 20g，陈皮 25 g，甘草 15 g，共为末，开水冲调）一次性灌服，每天 1 剂，或升陷汤（党参、生黄芪各 120 g，柴胡、桔梗各 30 g，升麻、炙甘草、知母各 45 g，共为末，开水冲）一次性灌服。

279. 什么是牛剖宫产术？

牛剖宫产术是指采用手术的方法切开腹壁和子宫并取出胎儿，是母牛难产临床救助的重要手段。

剖宫产术适用于以下几种情况：胎儿姿势、位置与方向严重反常，推退矫正无法拉出；胎儿过大，双胎难产，胎儿畸形；母牛骨盆腔狭窄，助产不当引起产道高度水肿，子宫扭转，分娩无力，分娩过程中子宫破裂等；母牛年龄较大，产力性难产。

禁止手术情况：病牛高度虚弱，衰竭，水、电解质及酸碱平衡紊乱严重，全身症状明显恶化，难产时间较长，出现胎儿腐败气肿等情况。

280. 牛剖宫产术如何实施？

（1）术前准备。

病牛保定：将母牛左侧卧保定，两前肢和两后肢分别用保定绳固定，颈部垫高，以利于口鼻分泌物流出。

消毒：手术场地用 5%新洁尔灭溶液喷洒 3 遍，在场地铺一次性手术垫布。手术器具先高压消毒，再用酒精灯外焰消毒 30 s。术者手臂清洗后在 5%新洁尔灭溶液中浸泡 15 min，再戴上两层一次性手术专用乳胶手套。

麻醉：采用硬膜外腔麻醉，麻醉药注入最后荐椎与第一尾椎之间。具体操作方法：用手向上提起牛尾，即可发现最后荐椎与第一尾椎之间有一小的凹陷，即为麻醉注射部位。对注射部位进行剪毛和常规消毒（5%碘酊消毒）后，用16号注射针头垂直刺入皮肤，以45°角向前缓缓推进，当感到阻力骤减时已到硬膜外腔，即可推入2%普鲁卡因溶液25 mL。10 min后牛呈麻醉状态，开始实施手术，麻醉可持续1~1.5 h。

（2）手术。

切开腹壁：对母牛进行弧形的手术切口，将皮肤、腹外斜肌、腹内斜肌、腹横肌及其筋膜逐一切开，对血管进行回避以及结扎，在腹膜切开之前要完全止血。术者将手伸入腹腔，将大网膜连同肠管推向切口前方，同时用手隔着子宫壁握住胎儿某一肢体，连同子宫壁缓慢向切口外牵引。

露出子宫：腹膜被切开之后，进行手术操作的人应该将手臂消毒，然后伸入腹腔探查胎儿和附近器官，确定是否存在破裂和粘连，然后前移瘤胃，抓住胎儿的脚或头，拖出切口。此过程不要太快，注意选择好角度，避免子宫撕裂。使用灭菌纱布来堵塞切口和子宫的间隙，避免导致腹腔感染。

切开子宫：在子宫角大弯后，避开子宫阜，手术刀切透子宫壁，充分止血，分离切口附近的胎膜。用灭菌纱布将胎膜切口两侧创缘分别垫好，用舌钳外翻固定，沿着子宫切口最适合的方向拉出胎儿，正生产时抵住两前肢，拨正胎头；倒生时还应握住下颌间隙将胎头拉出。清理血污及吸出胎水，剥离胎膜。

缝合伤口：子宫壁缝合前可在子宫腔内放入大剂量抗生素以防感染。子宫壁切口采用双层缝合，第一层连续全层缝合，经抗生素生理盐水冲洗后，再做浆膜肌层连续水平褥式内翻缝合。将子宫还纳入腹腔内，经检查网膜和肠管无异常后，关闭腹壁。

最后将伤口逐层缝合。

（3）术后护理。

术后定期对伤口进行消毒，肌内注射抗生素，防止发生感染。可注射麦角新碱、脑垂体后叶素及内服益母草浸膏等药物，促进子宫收缩，以利于子宫内胎水胎衣与子宫内分泌物的排出，同时也有利于子宫切口愈合和子宫恢复。

加强母牛及新生犊牛的护理，确保产房温度适宜，提供营养丰富的饲料和干净的饮水，促进母牛的身体恢复。

281. 牛乳房炎如何诊治？

乳房炎是由病原菌感染引起的乳腺炎症，是奶牛临床常见的疾病，以乳房肿大、疼痛、泌乳减少或停止和乳汁变性为主要特征。

临床分为最急性乳房炎、急性乳房炎和慢性乳房炎。

最急性乳房炎：病牛发病突然，病情发展迅速，多集中发生在一个乳区，表现为乳汁变性，乳房肿胀、温热、疼痛，呈隐性乳房炎的特征。

急性乳房炎：病牛出现精神沉郁，体温升高，食欲减退，产奶量急剧下降，严重者停奶，乳房出现红、肿、热、痛现象，乳上淋巴结肿胀，乳汁稀薄，内含絮状物、凝块、脓汁或血液。随着病程的发展可转化为慢性乳房炎。

慢性乳房炎：病牛通常无任何外部临床症状，通过肉眼无法判断。乳汁内含絮状物、凝块、脓汁为其主要特征。由于其临床症状不明显，产乳量没有变化或变化不大，不易被确诊，因此对实际生产造成危害最大。

及时消除病因，轻症病牛，可以通过多静卧休息进行改善，短时间内避免剧烈运动，可自行痊愈。

针对乳房局部红肿病牛，可使用阿莫西林、头孢等抗生素进行治疗，同时配合蒲公英、金银花、紫花地丁等中草药进行治疗。可以选择以下治疗方案。

方案 1. 注射用青霉素钠 160 万 IU、注射用丁胺卡那霉素 200 万 IU、0.9%氯化钠注射液 20 mL，挤净病乳区乳汁后一次乳区灌注。每天 2 次，连用 3~5 d；也可用复方磺胺嘧啶注射液 20~30 mL 或 3%环丙沙星注射液 30~50 mL 乳区灌注。

方案 2. 注射用青霉素钠 80 万 IU、0.5%~1%普鲁卡因注射液

30 mL，乳房基部封闭注射，每天 1 次。

方案 3. 乌洛托品 100 g、盐酸普鲁卡因 5 g、碘化钾 10 g、催产素 100 u、灭菌蒸馏水 1 000 mL，滤过除菌，乳房分 3 点封闭注射。一次总量奶牛为 60~100 mL。

方案 4. 注射用青霉素钠 480 万 IU、注射用丁胺卡那霉素 200 万 IU、庆大霉素注射液 20 万 IU、安痛定或生理盐水 50 mL，一次会阴静脉注射，每天 2 次。

方案 5. 注射用头孢噻呋钠 2.5 g、10%葡萄糖酸钙注射液 300~500 mL、0.25%普鲁卡因注射液 300 mL、5%葡萄糖氯化钠注射液 2 000~3 000 mL，头孢噻呋钠溶入葡萄糖氯化钠注射液中，与其余药物分别一次静脉注射；必要时配合强心补液，缓解酸中毒，补钙等。

方案 6. 明雄黄、炙五倍子、生大黄、黄柏各 30 g，冰片 6 g，共研细末，用陈醋调和，涂敷患部，每天 1 次。

方案 7. 金银花、蒲公英、紫花地丁各 120 g，连翘 60 g，共为细末，开水冲调，加黄酒 300 mL 为引，一次性灌服。

针对乳房坏死、化脓等严重乳房炎病牛，建议及时淘汰，如有生产价值，建议进行手术治疗，手术方法包括切开引流、坏死组织切除、乳房切除术。

282. 牛产后瘫痪如何诊治?

牛产后瘫痪又称生产瘫痪、乳热症，是母牛产后突然发生的严重的钙代谢障碍性疾病，以产后昏迷和四肢瘫痪为特征。本病与母牛在分娩后血钙浓度急剧下降有关，通常发生于产后的 2~3 d 内。

病牛表现为精神沉郁，食欲减退，后肢发软，步态不稳。重症病牛表现为体温升高，卧地不起，无法站立，精神委顿，食欲废绝，反刍停止，口黏膜苍白，病程后期体温下降，四肢发凉，心跳加快，全身抽搐，瞳孔散大，也会出现尿失禁、排尿障碍，奶牛头颈呈“S”状弯曲，体重下降明显。严重时出现知觉丧失，甚至昏迷。

治宜补充血钙、血糖，也可采取乳房送风的方法。

钙制剂疗法：

方案1. 10%葡萄糖酸钙或5%葡萄糖氯化钙800～1 500 mL，静脉注射，缓解酸中毒配合5%碳酸氢钠溶液静脉注射，每天1次，连用3 d。

方案2. ①10%葡萄糖酸钙注射液500～700 mL，一次静脉注射。②2. 5%醋酸氢化泼尼松注射液10 mL，一次肌内注射。

方案3. 5%氯化钙注射液300～500 mL、10%氯化钾注射液150 mL、20%磷酸二氢钠注射液200 mL、5%葡萄糖生理盐水4 000 mL、10%安钠咖注射液30 mL、1%地塞米松注射液3 mL，一次缓慢静脉注射，适用于缺钙同时伴有缺钾、缺磷者。疑缺钙缺钾者去20%磷酸二氢钠溶液，加用50%葡萄糖溶液200 mL。

乳房送风疗法：首先排空乳房内乳汁，对乳头和乳导管进行消毒，将乳导管插入乳头孔内，将空气通过消毒的乳导管注入牛的乳房内，使乳房膨胀，然后压迫乳房的血管和神经末梢，引起乳房硬结和乳静脉炎，从而达到治疗的目的。此法操作简单，效果较好，但要注意防止感染。

针对临床低钾血症、瘤胃臌气等其他症状可采取对症治疗措施，配合中药方剂桃红四物汤（桃仁、红花、炙甘草各45 g，赤芍、川芎、防风、酸枣仁各60 g，当归、生地黄、党参各90 g，黄芪120 g。上述药物加水煎煮后灌服。若伴有消化不良，可加神曲、山楂、麦芽各60 g）等活血化瘀、理气止痛为主的中药，也可以针灸如穴位山根、风门、抢风、百会、大胯、前三里、尾尖、蹄头，针法：血针、白针、电针或水针。

治疗时配合活血化瘀、理气止痛，促进病牛康复。

283. 牛酒糟中毒如何诊治？

牛酒糟中毒是指一次性过量采食新鲜酒糟或长期采食酸败酒糟引起的中毒，临床以腹痛、腹泻、流涎为主要特征。

急性中毒病牛食欲减退或废绝，腹泻，腹痛。严重时呼吸困难，心跳加快，体温下降，卧地不起，排出恶臭黏性粪便，脱水，眼窝凹陷。或表现共济失调，步态不稳，兴奋或狂躁不安等神经症状。慢性中毒病牛顽固性的前胃弛缓，食欲不振，瘤胃蠕动微弱，因酸性产物蓄积而致使缺钙，骨质疏松，腹泻，消瘦，后肢系部皮肤肿胀、潮红，形成疮疹。母牛还会出现屡配不孕、流产等症状。

发病后立即停止饲喂酒糟，并将病牛置于干燥、通风良好的圈舍。

本病治疗原则为补充体液，缓解酸中毒。灌服1%碳酸氢钠10 000～15 000 mL，同时使用5%葡萄糖生理盐水1 500～3 000 mL、25%葡萄糖溶液500 mL、5%碳酸氢钠液500～1 000 mL，一次性静脉注射；脱水症状缓解后，可使用10%葡萄糖酸钙液500～1 000 mL、20%葡萄糖溶液500 mL，一次性静脉注射。

同时可根据临床症状配合抗生素、强心、利尿等治疗措施，也可灌服葛根、茯苓等具有解酒作用的中药配合治疗效果更佳。

284. 牛黄曲霉毒素中毒如何诊治？

牛黄曲霉毒素中毒是因牛采食了被黄曲霉毒素污染的饲料所引起的以肝脏损害为主的中毒性疾病，临床以全身性出血、消化机能障碍和神经症状为特征。

中毒病牛精神萎靡，反应迟钝，食欲减退，出现黄疸，出血，水肿和神经症状。犊牛发病多为急性中毒，精神沉郁，食欲废绝，角膜混浊，磨牙，呕吐，腹泻，里急后重，个别出现惊恐或转圈运动等神经症状，严重者甚至出现昏迷。成年牛多为慢性经过，表现为精神沉郁，食欲不振，生长发育缓慢，营养不良，间歇性腹泻，消瘦等症状。严重时出现呼吸急促，呼吸困难，腹水，间歇性腹泻，脱肛，虚脱等症状，甚至死亡。奶牛产奶量下降，母牛可发生流产。

该病无特效解毒药和疗法。发病后应立即停止饲喂可疑的饲料，改喂新鲜易消化的全价日粮，日粮中添加黄曲霉毒素分解酶。重症病牛投服泻剂，及时排出胃肠道内的有毒物质，同时采取补充体液，缓解酸中毒等措施，如口服或灌肠碳酸氢钠溶液，静脉注射葡萄糖生理盐水等对症治疗。

285. 牛棉籽饼中毒如何诊治?

牛棉籽饼中毒是由于牛长期采食棉籽饼或食用未经去毒处理的棉籽饼而引起的一种毒素蓄积中毒，以出血性胃肠炎、肺水肿、心力衰竭、神经紊乱、血尿和排血红蛋白尿为特征。

病牛食欲减退，体重减少，腹泻，流涎，尿频等；孕牛早产，流产等；奶牛瘤胃积食，前期腹痛、便秘，后期腹泻、脱水，出现酸中毒和胃肠炎；犊牛食欲反常，呼吸困难，腹泻，黄疸，视力障碍等，严重时可导致失明。

发病后立即停喂棉籽饼，并禁食2~3 d，然后少量饲喂青绿多汁饲料。

使用2%~5%碳酸氢钠溶液5 000~10 000 mL，或10%硫酸镁5 000~10 000 mL，或0.1%高锰酸钾溶液1 000~2 000 mL，一次灌服进行洗胃，再灌服500 g硫酸钠或1 000 mL液状石蜡，促进毒素排出。

结合临床症状，可采取补充体液、保肝解毒等措施。补充体液，缓解酸中毒可使用5%葡萄糖生理盐水或复方氯化钠溶液5 000~10 000 mL，分2~3次静脉注射，每次可加入5%碳酸氢钠溶液500 mL；保肝解毒、强心利尿可使用50%葡萄糖液400~500 g，10%氯化钙溶液120~200 mL，20%安钠咖液15~20 mL，一次静脉注射，每天1~2次。

286. 牛有机磷中毒如何诊治?

牛有机磷中毒是由于牛接触或误食某种有机磷制剂引起的中毒性疾病。

中毒后，病牛表现兴奋不安，流涎量增多，磨牙，口吐白沫，腹痛，腹泻等症状。急性中毒病牛精神亢奋，狂躁，肌肉震颤，口中有大蒜气味，呼吸困难，瞳孔极度缩小，可视黏膜发绀，胃肠蠕动增强，肠音亢进，腹痛，腹泻，粪便稀薄带血等。若不及时治疗，可导致急性死亡。

立即停止饲喂疑被有机磷制剂污染的饲料与饮水，将中毒牛转移到通风良好的场所。

使用特效解毒剂解磷定、氯磷定、双解磷等胆碱酯酶复活剂和阿托品等乙酰胆碱对抗剂进行治疗。解磷定或氯磷定 10~30 mg/kg，用生理盐水配制成2.5%~5%溶液，静脉缓慢注射，每隔 2~3 h 注射一次，剂量减半，直至症状缓解。阿托品 0.06~0.2 g/kg，皮下注射或静脉注射，每隔 4~5 h 注射一次。

经口服中毒病牛，可用2%~5%的碳酸氢钠水进行洗胃，经皮肤吸收中毒病牛，可使用清水或肥皂水冲洗。

287. 牛有机氟化物中毒如何诊治？

牛有机氟化物中毒是因牛过量采食有机氟化物如氟乙酰胺、氟乙酸钠等引起的中毒。

急性中毒：病牛突然发病，无明显的前驱症状，突然跌倒，剧烈抽搐，惊厥或角弓反张，迅速死亡；或突然狂奔乱跑，尖叫，惊恐不安，全身震颤，或出现抽搦，角弓反张，逐渐转变为间歇性发作。呼吸加快，达每分钟 90 次；心跳加快，达每分钟 120 次，腹痛，腹泻，在几分钟内死亡。

慢性中毒：病牛食欲减退，反刍停止，嗜睡，卧地不动，部分病牛可逐渐康复，或在静卧中死去；有些病牛在中毒次日表现为精神沉郁，反刍减少，独处，3~5 d 后突然发作，出现强直性痉挛、麻痹、出汗、尿频等症状，因呼吸抑制和心力衰竭而死亡。

首先应尽快找到并消除病因，及时阻断中毒药物摄入。使用1%的高锰酸钾溶液洗胃，再口服蛋清以保护胃黏膜，使用硫酸钠导泻。治疗方案可采用50%解氟灵（乙酰胺）80 mL，按 1 kg 体重 0.1 g 分 3~4 次肌内注射，首次量为全日量的一半，连用 5~7 d；5%氯化钙溶液 100~150 mL、20%甘露醇溶液 500~1 000 mL、辅酶 A 500~1 000 IU、1%三磷酸腺苷 20 mL、10%葡萄糖注射液 2 000 mL，一次静脉注射。

针对不同中毒症状采取对症治疗措施：如镇静用氯丙嗪注射液，

肌内注射；呼吸困难时，用25%尼可刹米注射液10~20 mL，静脉或肌内注射；防止酸中毒，用5%碳酸氢钠500~1 000 mL，静脉注射，每日2次；解除痉挛发作，用10%葡萄糖酸钙注射液500~1000 mL，静脉注射；辅助治疗应用三磷酸腺苷二钠、辅酶A等能量合剂。

288. 牛氢氰酸中毒如何诊治？

牛氢氰酸中毒是指牛采食了富含氰苷配糖体的青饲料，在胃内酶和胃酸的作用下，产生游离的氢氰酸而引发中毒，主要特征为呼吸困难、震颤、惊厥综合征等组织中毒性缺氧症。

病牛通常在采食含有氰苷的饲料15~20 min后发病，出现腹痛不安，抬头伸颈，张口喘息，呼吸加快且困难，可视黏膜鲜红，流涎，呼出气体有苦杏仁味。随着病情的发展，病牛全身衰弱无力，步态不稳，后肢麻痹，体温下降，结膜发绀，血液暗红色，肌肉痉挛，瞳孔散大，反射减少或消失，心搏动缓慢，呼吸浅表，最后昏迷而死亡。

立即停止饲喂含有氢氰酸的饲料或饮水，更换新的饲料和饮水。治宜解毒排毒。

方案1. ①5%亚硝酸钠液40 mL、5%~10%硫代硫酸钠溶液200 mL，一次先后静脉注射，也可用亚硝酸钠1~3 g，硫代硫酸钠2.5~15 g、蒸馏水50~200 mL混合后一次静脉注射，牛用高量。也可用亚甲蓝，按1 kg体重3~5 mg用药。②0.1%高锰酸钾溶液10 000~20 000 mL，洗胃，口服，用于中毒的初期，重症配以强心、补液。

方案2. 金银花120 g、绿豆500 g，煎汤，候温一次性灌服。

289. 牛亚硝酸盐中毒如何诊治？

牛亚硝酸盐中毒是指由于过量采食或饮用含有硝酸盐或亚硝酸盐的植物和水，在瘤胃内产生大量的亚硝酸盐，进而引起中毒性高铁血红蛋白血症。

病牛通常在采食1~5 h后发病。病牛突然发病，精神不安，稍后表现精神沉郁，呆立，反应淡漠，体温正常或稍微降低，流涎，磨牙，呼吸困难，皮肤、眼睑、口唇及舌头等部位呈现青紫色，可视黏膜发绀，呻吟，腹痛，腹泻，步态不稳；严重时，躯体末梢部位厥冷，脉搏疾速微弱，全身发绀，肌肉战栗或衰竭倒地，血液呈酱油色或咖啡色，且血液凝固不良，尿液呈红棕色。

立即停止饲喂富含硝酸盐的饲料，更换新的饲料和饮水。

治宜特效解毒和对症治疗。

方案1. 1%亚甲蓝（美蓝）注射液40 mL，配成1%溶液一次静脉注射。按1~2 mg/kg用药；必要时2 h后重复用药1次。

方案2. 甲苯胺蓝2 g，配成5%溶液静脉、肌内或腹腔注射，按5 mg/kg用药；配合使用维生素C和高渗葡萄糖可提高疗效，特别是无美蓝时，重用维生素C及高渗糖也可达治疗目的。

290. 牛尿素中毒如何诊治？

牛尿素中毒主要是因牛尿素采食过量导致氨吸收过多而引发的中毒性疾病。

病牛通常在多量采食尿素20~30 min后发病。中毒初期出现呕吐，空嚼，磨牙，瘤胃臌气，停食，过度流涎，口角有多量白色泡沫，口腔黏膜发炎、脱落、糜烂等症状。随着病程的发展，病牛呻吟不安，腹痛，出汗，皮温不整，末梢部位冰凉，结膜发绀，鼻孔开张流泡沫，呼吸困难，心跳亢进，脉搏快而弱，有的达140次/min。病程发展后期，运动共济失调，鼻唇痉挛，肌肉震颤，卧地后眼球震颤，肛门松弛，急性中毒病例，仅1~2 h即窒息而亡。

发现中毒病牛，应立即停止饲喂，治宜解毒、排毒，如灌服大量的弱酸类溶液，食醋（食醋500 mL、糖250~500 g、水1 L）、1%~2%醋酸溶液等，以抑制瘤胃中酶的活力，并中和尿素的分解产物氨。10%硫代硫酸钠溶液150 mL、10%葡萄糖酸钙注射液500 mL、10%葡萄糖注射液2 000 mL，一次静脉注射，适当配合镇静、制酵。也可用葛根粉250 g，加水一次冲服。急性瘤胃臌气时，立即进行瘤胃穿刺术，以缓解呼吸困难。

291. 牛黑斑甘薯中毒如何诊治?

牛黑斑甘薯中毒是因牛大量或长期采食有甘薯黑斑病或霉烂的甘薯引起的中毒性疾病。甘薯发生黑斑病或霉变时，产生甘薯酮、甘薯醇、甘薯宁和羟甘薯宁等有毒物质，破坏生理功能，产生呕吐、腹泻、发热等症状，严重时引发呼吸困难、昏迷等症状。

病牛发病初期精神沉郁，食欲减退，呈轻度前胃弛缓症状。随着病程的发展，病牛食欲废绝，反刍停止，头颈伸展，眼球突出，鼻翼扇动，张口大喘，有大量泡沫样唾液，肷肋起伏，呼吸困难，呼吸浅表疾速，呼吸数达 80~90 次/min。瘤胃蠕动音减弱，内容物黏硬，粪便干硬色暗，附有黏液和血液，在 1~3 d 内窒息而亡。

立即停止喂食病变甘薯，灌服 2 000~3 000 mL 0. 1%高锰酸钾溶液，轻度病牛可自愈。

重症病牛，灌服硫酸镁、人工盐等泻药如硫酸镁 500~1000 g、人工盐 150g、水 3 000~5 000 mL，一次性灌服。促进毒素的排出，同时配合 5 mL 20%安钠咖、500 mL 20%葡萄糖溶液、500 mL 5%碳酸氢钠溶液，一次性静脉滴注，每天 1 次，连用 3 d。或采取放血治疗，根据体格大小，放血 1~2 L，排出毒素，同时，配合使用2 000~3 000 mL生理盐水、5~10 mL 20%安钠咖，100~200 mL 5%碳酸氢钠，一次性静脉注射。或 5%氯化钙注射液 100~150 mL、40%乌洛托品溶液 40~50 mL、10%安钠咖注射液 30 mL、10%葡萄糖注射液 1 000 mL、1%地塞米松注射液 3~5 mL，前四药先静脉注射，后药接着静脉注射；或毛花强心丙（西地兰 D）3 mL，一次肌内注射，每天 2 次，连用数日。

292. 牛食盐中毒如何诊治?

牛食盐中毒是因牛过量摄入食盐而引发的中毒疾病，临床以神经症状和消化紊乱为主要特征。

病牛体温基本正常，表现为极度兴奋，双目瞪圆，目光惊惧，极度口渴，食欲废绝，有少量的清涕从鼻孔流出，口腔出现轻度流涎，呕吐，胃瘤蠕动增强，肠音响亮，腹痛，便秘或下痢，粪便中带有大量黏液和血液，黏膜潮红，尿量由多到少或无尿，呼吸加速，呈现典型的腹式呼吸，视力减弱，眼结膜发绀，严重时能引起双目失明，后肢麻痹，走路不稳，孕牛会发生流产；最后突然倒地呈半侧卧姿势，首尾不顾，双目半闭半睁，陷入昏迷。

目前无特效解毒药，治宜镇静解痉，保护胃肠黏膜。立即停止饲喂含盐量高的饲料，灌服适量的食醋或酸醋等弱酸溶液，促使牛多次、少量饮水，也可采用25%硫酸镁注射液120 mL、5%葡萄糖注射液1 500 mL、10%葡萄糖酸钙注射液500 mL，一次分别静脉注射，也可用溴化钙、溴化钾镇静，重症配合强心补液，麻油750 mL，一次胃管投服。

293. 牛青冈叶中毒如何诊治？

牛青冈叶中毒又称水肿病、铁板黄、阴肾黄，是由于牛采食过量青冈叶而引起的一种中毒性疾病，以泌尿、消化系统机能紊乱和实质器官病变为主要特征。

病牛临床表现为精神不振，反刍减少，鼻镜干燥，常稍食干草而拒食青草，前胃弛缓，粪便干少且附有黏液和血液，尿少或无尿，体温变化不大。发病3~5 d内，股部、肛门、阴部等部位发生水肿，随着病程的发展，水肿从阴部开始逐渐蔓延到阴鞘、脐下、胸前以至颌下，但水肿不波及大腿以下部位，水肿部位触碰无热无痛，针刺流出淡黄色或无色透明液体，心律不齐，呼吸急促，可视黏膜苍白，伴有腹痛表现。后期病牛卧地不起，精神极度沉郁，间歇性磨牙，水肿日益加剧，无尿，便秘，呼吸困难，四肢无力，如治疗不及时，最终死亡。病程通常为1~3周，最长可达1个月。

立即停止饲喂青冈叶，并灌服2 000 mL 0. 1%高锰酸钾溶液，轻度病牛可自愈。重症病牛，使用硫酸镁、人工盐等泻药进行灌服，或注射硫酸钠等盐类泻剂。

利尿消肿可使用20%甘露醇1~ 2 mg/kg，静脉注射，每日1次；或灌服速尿2 mg/kg，每日2次。

强心补液使用 1 500 ~ 2 000 mL 10% ~ 25% 葡萄糖液、40 mL 维生素 C、10 ~ 20 mL 10% 安钠咖、60 ~ 80 mL 40% 乌洛托品，一次性静脉注射，每天 1 次，连用 3 ~ 4 d。

调节酸碱平衡可使用 500 mL 5% 碳酸氢钠，静脉注射，每天 1 次。

以上治疗方案，应根据具体病情对症治疗。

294. 牛酮病如何诊治？

牛酮病，又称牛酮血症，是泌乳母牛产后几天至几周内由于糖类和脂肪代谢障碍，导致酮体在血液和组织中蓄积，进而导致血液酮体浓度增高为特征的营养代谢性疾病。主要特征症状为呼出气体、乳汁、尿液有酮味（烂苹果味）。

根据其临床主要症状分为消化型、神经型及多发型等 3 种类型。

消化型：本类型临床最为常见，病牛表现为食欲不振，反刍减缓，便秘，尿液和乳汁散发轻微醋酮味。随着病情加重，可能出现顽固性消化障碍、精神不振、步态蹒跚、躺卧不起、脱水以及顽固性便秘或下痢等症状。此外，病牛体表有蜡样痂皮，出现磨牙、空口咀嚼等症状。

神经型：病牛表现为兴奋不安、听觉过敏、眼球震颤，有时出现横冲直撞、狂暴不安等症状。其症状维持 1 ~ 2 d 后，即转为抑制状态，如头低沉、反射迟钝、精神委顿、步态蹒跚，有的后期颇似产后瘫痪，常发生昏迷状态。

多发型：病牛表现出顽固性消化障碍、精神不振、产奶量下降、体重减轻和消瘦，并出现顽固性便秘或下痢。

发病后，及时调整日粮，增加优质干草、块根等含可溶性糖较多的日粮和饲草。

补糖：静脉注射 25% 或 50% 葡萄糖注射液 500 ~ 1 000 mL、维生素 C、维生素 A、维生素 B_1、维生素 B_{12}，注意电解质平衡，每天 1 ~ 2 次，连用 5 ~ 10 d。

促进糖异生：糖皮质激素如氢化可的松、醋酸可的松等进行治疗，可有效缓解症状。

解除酸中毒：5%碳酸氢钠 500～1 000 mL 静脉注射 。

中药方剂（当归、川芎、砂仁、赤芍、熟地黄、神曲、益母草、广木香及麦芽各 35 g，磨碎，开水冲调，候温灌服，每天或隔天 1 次，连服 3～5 次）配合治疗，有利于病牛快速康复。

295. 牛青草搐搦症如何诊治？

牛青草搐搦症，又称牛低镁血症或青草病，是由于镁缺乏或失调而导致的以全身肌肉搐搦为特征的营养代谢性疾病，常发生于在幼嫩青草地或谷苗地放牧之后的牛。

急性型：以神经兴奋和过敏为主要症状。病牛高度敏感和惊厥，横冲直撞，牙关紧闭，有的会出现磨牙、流涎等症状，甚至四肢颤抖；严重时卧地不起，出现全身性阵发性痉挛和惊厥，眼球转动、震颤，瞬膜突出，耳竖立，尾肌和后肢强直，有类似破伤风的症状。全身症状表现为呼吸次数减少、心音亢进、频繁排尿，死亡率较高。

亚急性型：发病较为缓和。发病 3～4 d 后，病牛表现为轻微的食欲不振，后出现兴奋、四肢运动僵硬、痉挛性排尿和不断排粪等症状；轻症病牛表现为轻瘫症状。

慢性型：发病初期无异常症状，常在数周或数月后有轻微表现，出现运动障碍、食欲减退、生产性能降低，如及时采取治疗措施可痊愈。

治疗时，可使用 25%硫酸镁注射液 400 mL、5%葡萄糖酸钙注射液 500 mL，一次性缓慢静脉注射。也可用氯化钙 35 g、氯化镁 15 g，溶于 1 000 mL 生理盐水中，一次性缓慢静脉注射。缓解神经症状时，肌内注射氯丙嗪 1～2 mg/kg。

296. 牛铜缺乏症如何诊治？

牛铜缺乏症是由于饲料中铜含量过低导致的营养代谢病，临床上以贫血、腹泻、运动失调及被毛褪色和繁殖障碍为特征。

病牛表现为食欲减退，异嗜，生长发育缓慢，尤其犊牛更为明显。同时，被毛无光泽，黑色毛变为锈褐色，红色毛变为暗褐色，在眼周围被毛由于褪色或脱毛，呈无毛或白色似眼镜外观；以及消瘦，腹泻，脱水和贫血，发痒，舐毛。母牛性周期延迟或不发情，流产，泌乳量下降；部分牛共济失调，后肢失控而突然卧地，呈蹲坐姿势。犊牛出现跛行，步样强拘，甚至两腿相碰，以及关节肿大、骨皮质变薄、骨质脆弱，易发骨折。严重时心肌萎缩和纤维化，通常表现为急性心力衰竭，24 h 内突然死亡。

内服硫酸铜，成年牛 200~300 mg/头，犊牛 50~150 mg/头，每天 1 次，服用 14~21 d 后停药 7~14 d，直到症状消失。

297. 牛骨软症如何诊治？

牛骨软症是因饲料中矿物质钙、磷不足或钙与磷的比例不当、维生素 D 缺乏等导致钙、磷代谢障碍，以消化机能紊乱、异嗜、跛行、骨质疏松和骨骼变形等为特征的代谢性疾病。

发病初期，以前胃迟缓为主，病牛食欲反常，时好时差，不断地磨牙和空嚼，出现舔食泥土、沙石、墙壁、铁器等异物；食欲不振、营养不良，逐渐消瘦，被毛逆立无光泽；消化机能紊乱，反刍减少，瘤胃蠕动减弱，便秘与腹泻交替出现，下腹卷缩，母牛泌乳量下降。

病程后期，蹄壁角质不良、生长过速、干裂，病牛跛行，喜卧，运动步幅短缩，肢体僵硬，步态不稳或跛行，蹄尖着地，四肢交替负重，后躯摇晃，站立时头颈伸直、弓背、肘头外展。奶牛常伴发腐蹄病。严重时，骨骼严重脱钙，脊柱、肋骨和四肢骨骼变形，两前肢腕关节外展呈“O”形姿势，两后肢跗关节内收呈“X”形姿势，骨质脆软，易发生骨折，常见跟腱断裂。

20%磷酸二氢钠注射液 400 mL 半量静脉注射，半量皮下注射，维丁胶性钙注射液 10 万 IU，一次肌内注射；或人工盐 300 g、骨粉 250 g，分别拌料喂服，每天 1 次，5~7 d 为一疗程，也可以按照煅牡蛎 20 g、煅骨头 30 g、炒食盐 15 g、小苏打 10 g、苍术 7 g、炒茴香 3 g、炒黄豆 15 g，共研细末，每天口服 90~150 g。并将精粉料加酵母发酵 24 h，拌草饲喂，连用 30~40 d。

298. 牛维生素 A 缺乏症如何诊治?

牛维生素 A 缺乏症是因饲料中维生素 A 及维生素 A 原——胡萝卜素不足或缺乏所引起的一种营养代谢病。

病牛病初呈夜盲症状，角膜逐渐干燥、混浊，有时出现溃疡和坏死，羞明流泪，称为干眼症；被毛粗乱，皮肤干燥，皮肤上常积有大量麸样落屑；运动障碍，步态不稳；食欲不振，腹泻、体重减轻，营养不良，生长缓慢。母牛易发生流产、早产、死胎或产出瞎眼、角膜瘤、裂唇等先天性畸形的犊牛，母牛产后常发生胎衣不下；出生犊牛生活力差，在短时间内死亡等。

发病后，立即更换饲料，多喂富含胡萝卜素的饲料。或用维生素 A 注射液，肌内注射 5 万~7 万 IU，每天 1 次，连续 5~10 d；或维生素 AD 注射液 2~4 mL，犊牛一次肌内注射，每天 1 次，连用 3 d。或内服鱼肝油，成年牛 50~100 mL，犊牛 20~50 mL，每天 1 次，连服数天。

299. 牛维生素 E 缺乏症如何诊治?

牛维生素 E 缺乏症是指因采食的青绿豆科植物中含有较多的不饱和脂肪酸，当反刍动物瘤胃氢化作用不全时，则有过量的不饱和脂肪酸被胃肠道吸收，其游离根与维生素 E 结合，大量消耗体内维生素 E 所致的一种营养代谢病。

本病多发生于 4 月龄以内的犊牛，分为急性型和慢性型两类。

急性型：以心肌凝固性坏死为主要特征，心肌及全身横纹肌变性，伴发多发性关节炎及间质性肺炎，可突发心力衰竭而急性死亡。

慢性型：以骨骼肌深部肌束发生硬化、变性和严重坏死为特征。病牛食欲不振，消化不良，粪便稀薄且有时混有血液，头部、舌部、颈部、膈肌、肋部、四肢和尾部的肌肉震颤，站立不稳，甚至出现跛行。部分病牛也会被毛粗糙、无光泽，免疫力下降，容易感染其他疾病。

发病后，维生素 E 制剂注射，如 10%维生素 E 注射液 3~5 mL，犊牛一次肌内注射；或用维生素 E 制剂 50~100 mg，配合 0.1%亚硒酸钠注射液 5~10 mL，犊牛一次肌内注射；每 10~20 d 重复 1 次；或饲喂富含维生素 E 的饲料，适当添加微量元素硒。

300. 牛维生素 D 缺乏症如何诊治?

牛维生素 D 缺乏症是因牛摄入的维生素 D 不足或缺乏引起的营养代谢病，会导致牛的骨骼钙化障碍，影响骨骼的正常发育和生长。

妊娠或哺乳期母牛维生素 D 长期缺乏可导致骨软症，泌乳量明显下降，早产或胎儿畸形。

犊牛维生素 D 长期缺乏可引起佝偻病，食欲减退，生长发育缓慢，皮毛粗乱无光泽，骨化过程受阻，掌骨、跖骨肿大，前肢向前或侧方弯曲，膝关节增大和弓背等异常姿势。后期病牛运动减少，步态强拘，跛行，强直性痉挛，胸腔因变形严重引发呼吸促迫或呼吸困难，部分牛发生前胃弛缓和轻型瘤胃臌气。

发病后，肌内注射维生素 D 注射液，犊牛每次 500~1 000 u；在饲料中添加适量的维生素 D、钙、磷等矿物质。